T: $3x - 6 = 18$

N: $3x - 7 = 2(x - 1)$

U: $2x + 5x = 6 + 4x$

E: $2(x+5) + x = 10$

N: $5 + 2x = 6x - 2(x+1)$

O: $12 - 8x = x + 21$

E: $6x - (8 + 2x) = 22 - x$

T: $x(x+4) = x^2 - 12$

G: $(x - 1)(x + 6) = x^2$

Wir wünschen dir im neuen Schuljahr

1,2	2	-3	0	3,5	-1	8	6	5	!

1. Zentrische Streckung – Ähnlichkeit

Maßstäbliches Vergrößern und Verkleinern

1. Ergänze die Tabelle.

	a)	b)	c)	d)	e)
Maßstab	1:1 000 000	1:20	1:500	6:1	1:200 000
Länge in der Zeichnung		7 cm	3 cm	150 mm	
Länge in der Wirklichkeit	cm	cm	cm	mm	cm
Länge in der Wirklichkeit	22 km	m	m	cm	80 km

2. Auf Karten wird stets auch der Maßstab angegeben. So lassen sich Entfernungen zwischen zwei Orten leicht bestimmen. Bestimme die fehlenden Werte.

a)

Karte	Wirklichkeit
5 cm	2 m
5 cm	______ cm
:5 ↓ 1 cm	______ cm ↓ :5

Maßstab: ______________________

b)

Karte	Wirklichkeit
3 cm	3 km
3 cm	______ cm
↓ 1 cm	______ ↓

Maßstab: ______________________

c)

Karte	Wirklichkeit
4 cm	1 km
4 cm	______
↓ ______	______ ↓

Maßstab: ______________________

d)

Karte	Wirklichkeit
15 cm	112,5 km
______	______
↓ ______	______ ↓

Maßstab: ______________________

3. Färbe die Dreiecke A und B in unterschiedlichen Farben. Markiere alle Dreiecke, die maßstäbliche Vergrößerungen bzw. Verkleinerungen sind, mit derselben Farbe.

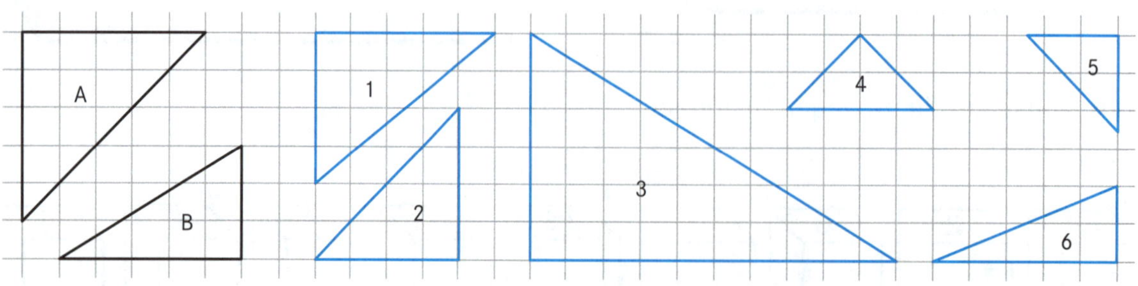

4. a) Vergrößere die Figur mit dem Vergrößerungsfaktor k = 2.

b) Verkleinere die Figur mit dem Faktor $k = \frac{1}{2}$.

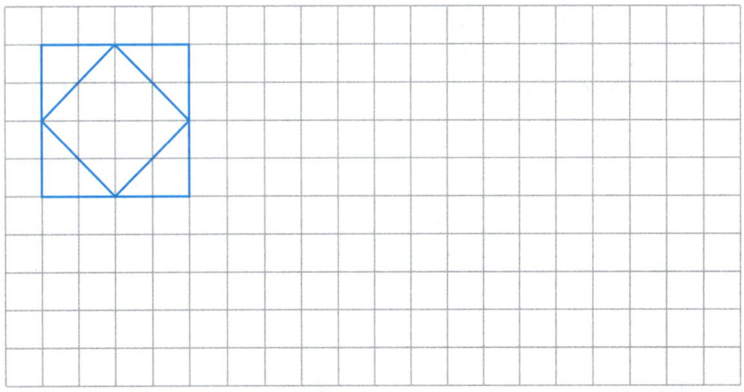

5. a) Um die Figur B zu erhalten, muss man die Figur A maßstäblich vergrößern mit dem Faktor

k = ____________.

b) Um die Figur C zu erhalten, muss man die Figur A maßstäblich vergrößern mit dem Faktor

k = ____________.

c) A erhält man aus B durch maßstäbliches Verkleinern mit dem Faktor

k = ____________.

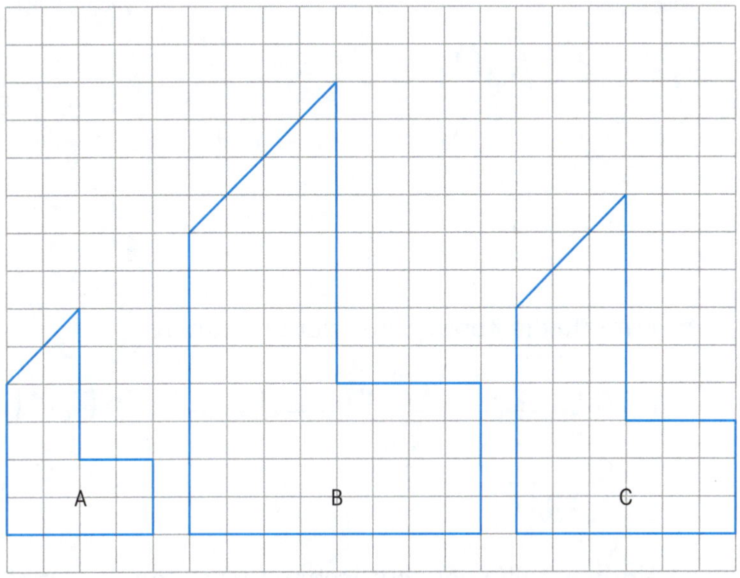

d) A erhält man aus C durch ____.

e) B erhält man aus C durch ____.

6. Vergrößere diese Figur mit dem Faktor k = 2,2.

Zentrisches Strecken

1. a) Strecke die Figur mit dem Faktor k = 2. Das Streckungszentrum ist der Punkt Z.

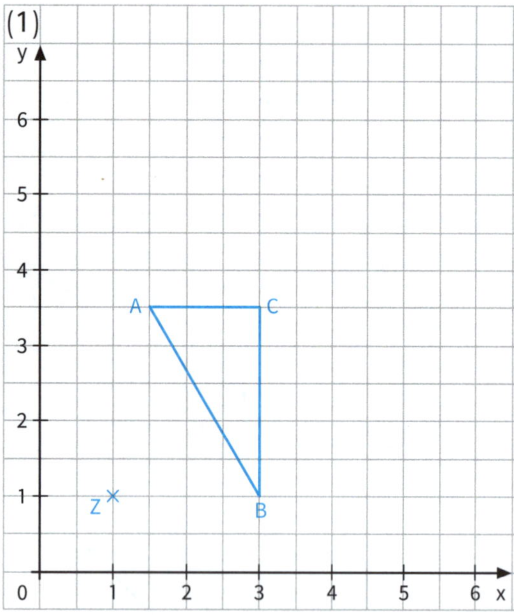

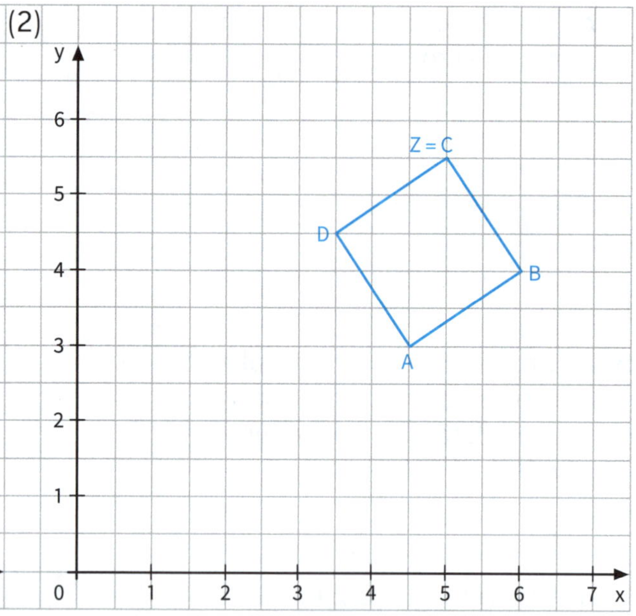

b) Ermittle die Koordinaten der Bildpunkte.

(1) A' (_____|_____); B' (_____|_____); C' (_____|_____)

(2) A' (_____|_____); B' (_____|_____); C' (_____|_____); D' (_____|_____)

2. a) Finde mithilfe der zentrischen Streckung das Original des Bildes.

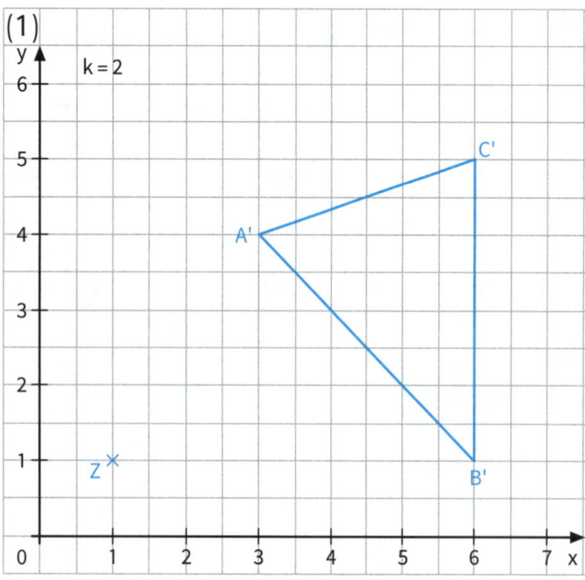

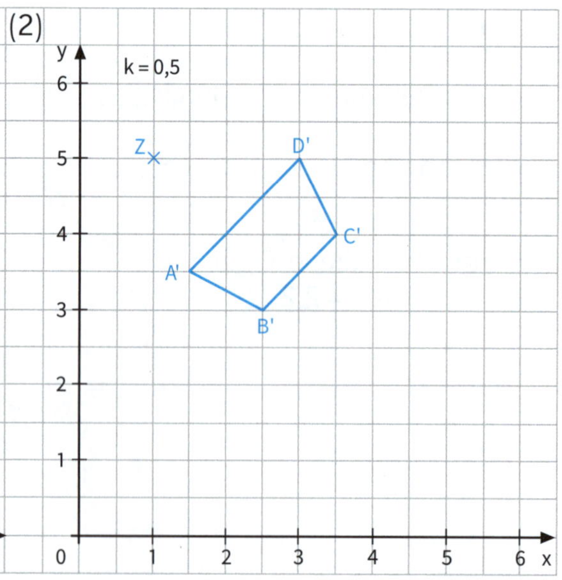

b) Ermittle die Koordinaten der Eckpunkte des Originals.

A (_____|_____); B (_____|_____); C (_____|_____)

A (_____|_____); B (_____|_____); C (_____|_____); D (_____|_____)

Längenverhältnisse bei zueinander ähnlichen Figuren

1. Das Längenverhältnis der Strecken $\overline{PQ} : \overline{ST}$ beträgt 2 : 3. Zeichne die Strecke $\overline{ST}$.

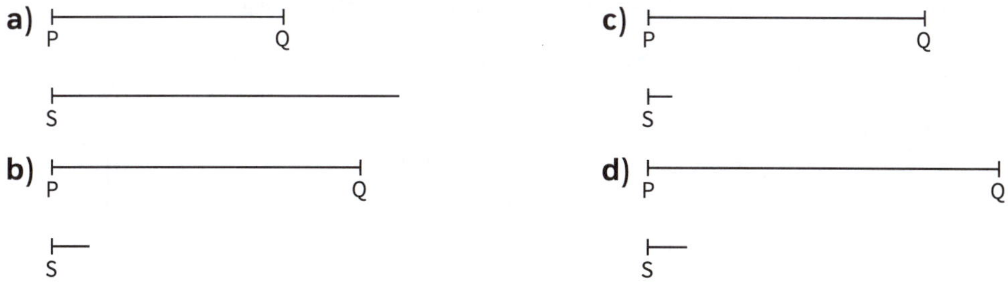

2. Bestimme die Längenverhältnisse und gib weitere Längenverhältnisse an.

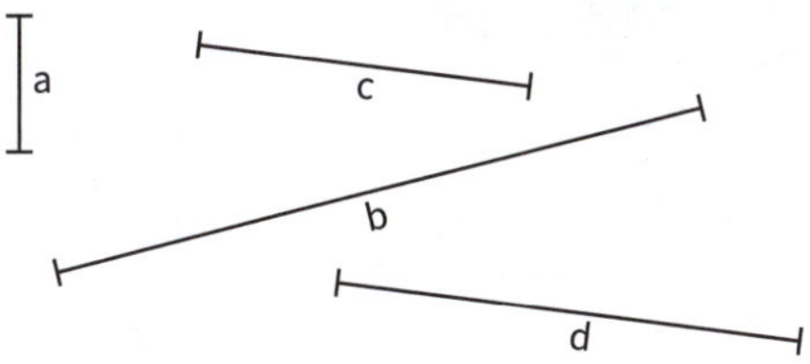

a : b = ____________ b : c = ____________

a : c = ____________ c : d = ____________

____________ ____________

____________ ____________

3. Vervollständige die Verhältnisgleichungen.
Es gilt Δ ZRA ~ Δ ZSB ~ Δ ZTC.

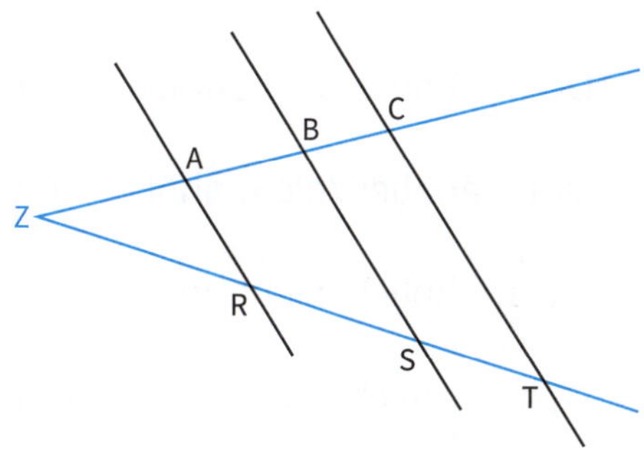

a) $\frac{\overline{ZA}}{\overline{ZB}} = \_\_\_\_$

b) $\frac{\overline{ZR}}{\overline{ZS}} = \_\_\_\_$

c) $\frac{\overline{AR}}{\overline{BS}} = \_\_\_\_$

d) $\frac{\overline{ZC}}{\_\_\_\_} = \frac{\_\_\_\_}{\overline{ZR}}$

e) $\frac{\_\_\_\_}{\overline{ZS}} = \frac{\overline{ZC}}{\_\_\_\_}$

f) $\frac{\overline{CT}}{\_\_\_\_} = \frac{\_\_\_\_}{\overline{ZS}}$

g) $\frac{\overline{AR}}{\overline{CT}} = \_\_\_\_$

h) $\frac{\overline{ZT}}{\_\_\_\_} = \frac{\_\_\_\_}{\overline{ZA}}$

i) $\frac{\overline{ZB}}{\_\_\_\_} = \frac{\_\_\_\_}{\overline{ZT}}$

j) $\frac{\_\_\_\_}{\overline{ZC}} = \frac{\overline{ZR}}{\_\_\_\_}$

k) $\frac{\overline{BS}}{\overline{CT}} = \_\_\_\_$

l) $\frac{\overline{ZA}}{\overline{AB}} = \_\_\_\_$

4. Berechne die Längenverhältnisse $\frac{a}{b}$ und $\frac{b}{a}$. Kürze so weit wie möglich.

a) a = 36 cm
b = 12 cm

b) a = 90 cm
b = 75 cm

c) $a = \frac{1}{2}$ m
$b = \frac{3}{4}$ m

d) a = 0,3 m
b = 0,8 m

Hauptähnlichkeitssatz für Dreiecke

1. Überprüfe mithilfe des Hauptähnlichkeitssatzes für Dreiecke, ob folgende Dreiecke einander ähnlich sind. Ermittle dazu die notwendigen Winkelgrößen.

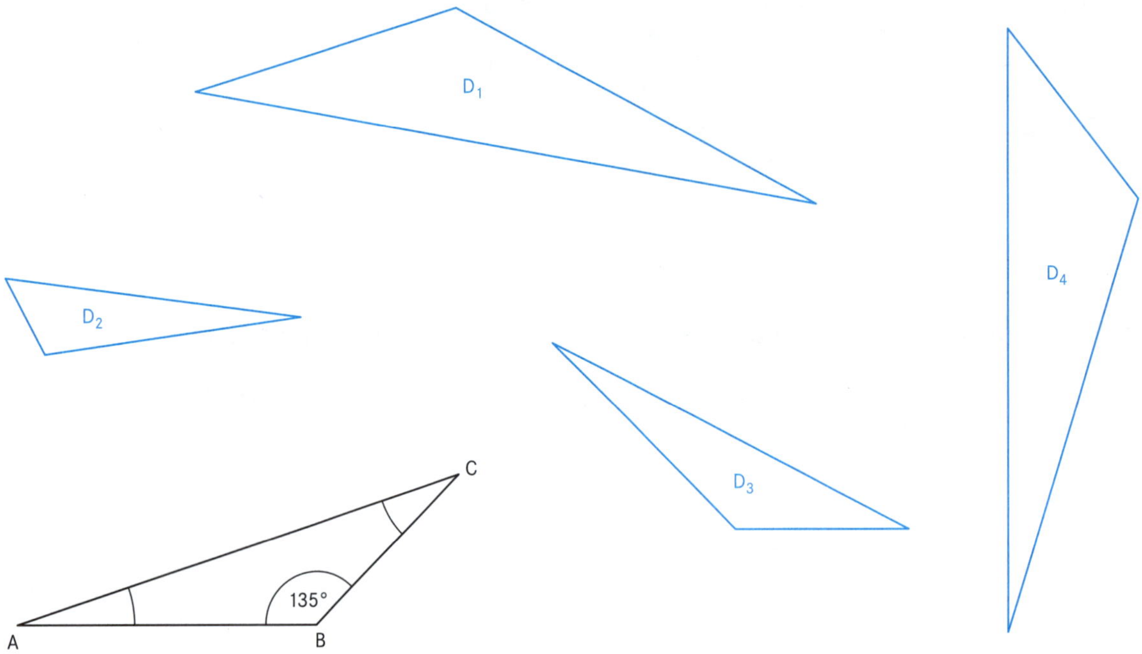

Unterstreiche das richtige Ergebnis und begründe deine Entscheidungen.

D_1 ist ähnlich/nicht ähnlich zu Dreieck ABC, weil ____________________

D_2 ist ähnlich/nicht ähnlich zu Dreieck ABC, weil ____________________

D_3 ist ähnlich/nicht ähnlich zu Dreieck ABC, weil ____________________

D_4 ist ähnlich/nicht ähnlich zu Dreieck ABC, weil ____________________

2. Von den sechs Längen $a_1, a_2, b_1, b_2, c_1, c_2$ sind vier gegeben. Berechne die beiden nicht gegebenen Längen.

a) $a_1 = 2{,}0$ cm; $b_1 = 4{,}0$ cm
$b_2 = 7{,}0$ cm; $c_1 = 3{,}2$ cm

b) $a_1 = 5{,}4$ cm; $b_2 = 9{,}9$ cm
$c_1 = 4{,}8$ cm; $c_2 = 8{,}8$ cm

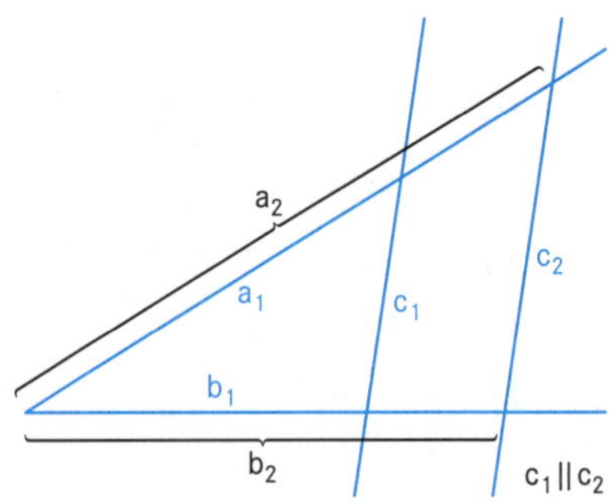

Anwenden der Ähnlichkeit in ebenen und räumlichen Figuren

1. Berechne die Höhe des Baumes.

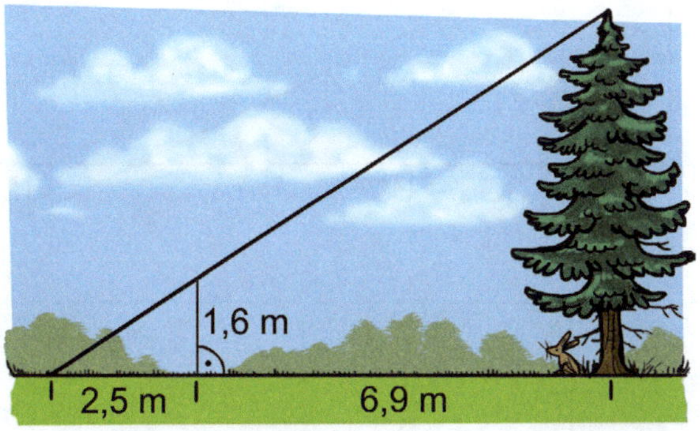

Antwort: ____________________

2. Ein Flugzeug steigt nach dem Start gleichmäßig auf. 8 km von der Startbahn entfernt sieht man es in einer Höhe von 960 m. In welcher Höhe wird ein Ort überflogen, der 53 km von der Startbahn entfernt ist?
Skizze:

Antwort: ____________________

3. Berechne die Länge des Sees.

Antwort: ____________________

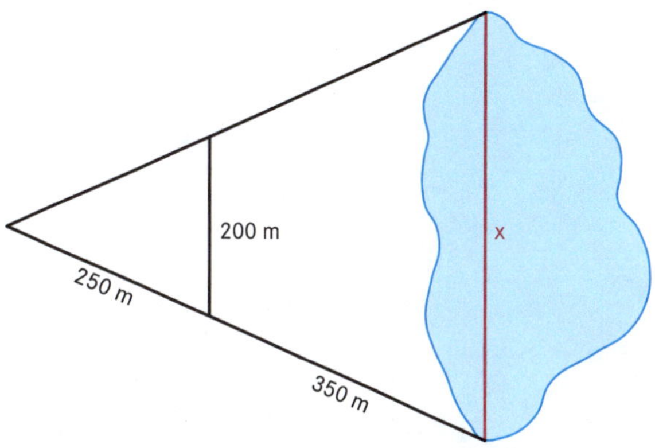

4. Wie hoch ist der Turm?

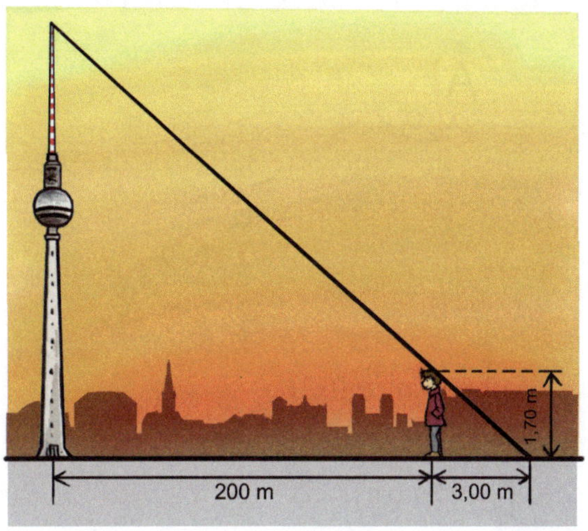

Antwort: ____________________

5. Berechne die Breite des Flusses.

a)

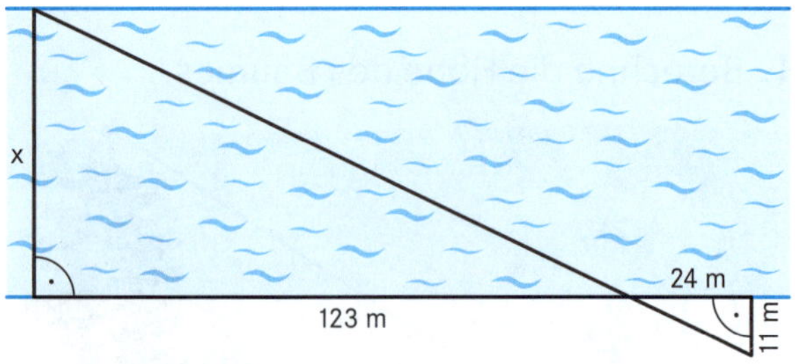

b)

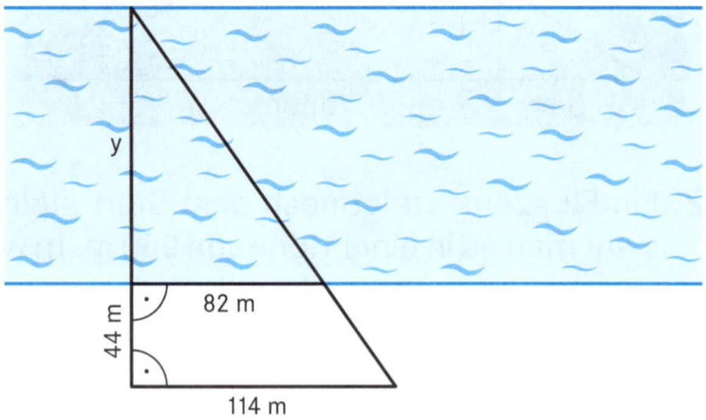

6. Die Zeichnung zeigt das Gelände eines Gewerbegebietes.
Berechne die Längen $\overline{AE}$, $\overline{ED}$ und $\overline{EC}$.

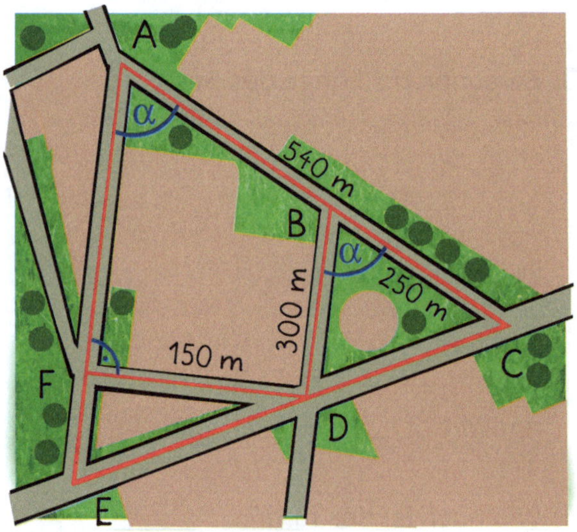

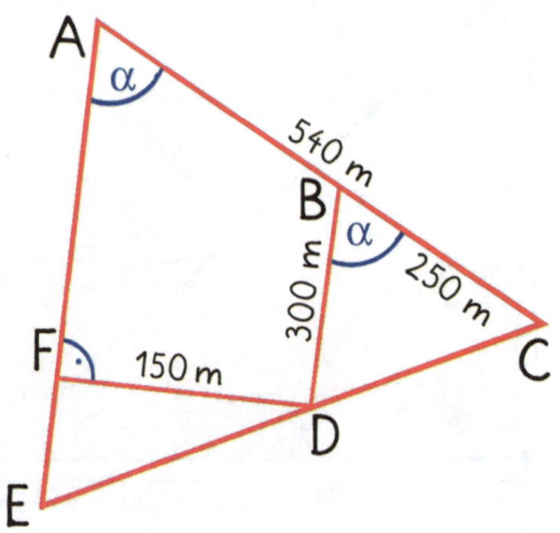

2. Berechnungen an Dreiecken

Satz des Pythagoras

1. Färbe die Katheten blau und die Hypotenuse rot. Berechne dann die fehlende Seitenlänge.

a)

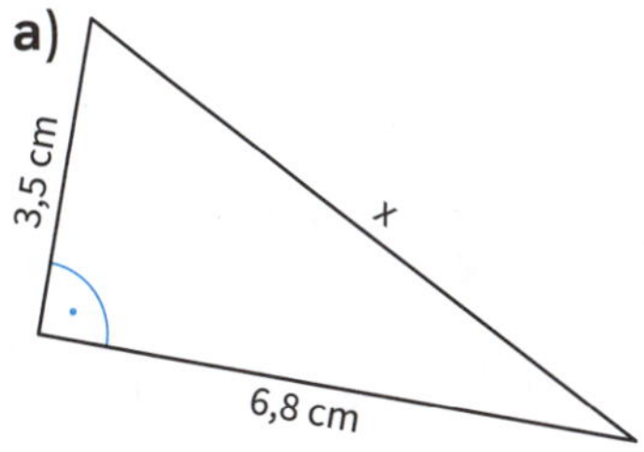

b)

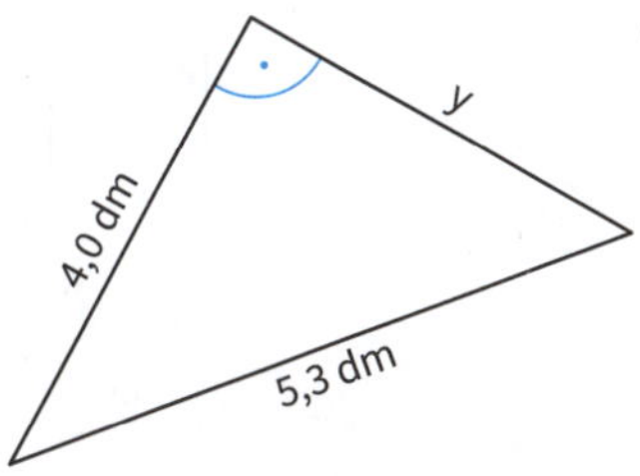

c)

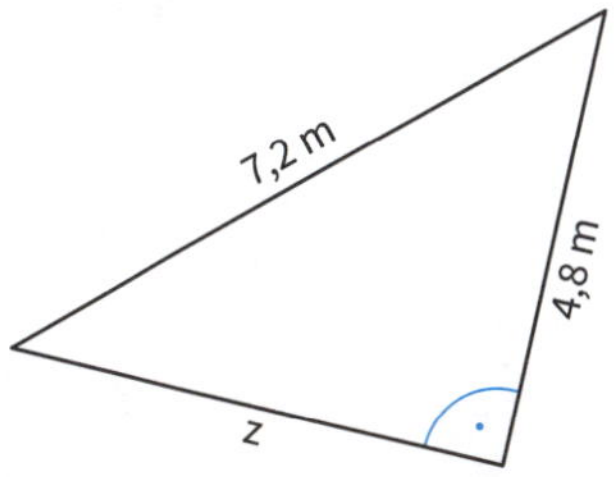

x = ______________ y = ______________ z = ______________

x = ______________ y = ______________ z = ______________

2. Berechne die Länge des Weges.

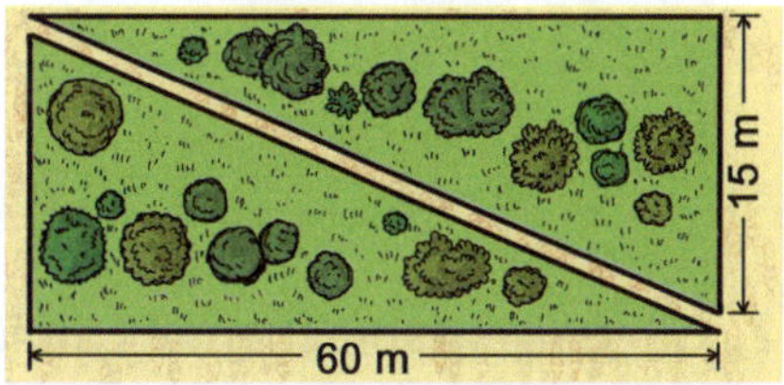

____

____

Antwort: ______________________________

3. a) Das Bild zeigt den Giebel eines Hauses. Wie hoch ist das Giebeldreieck?
Markiere ein geeignetes Teildreieck.

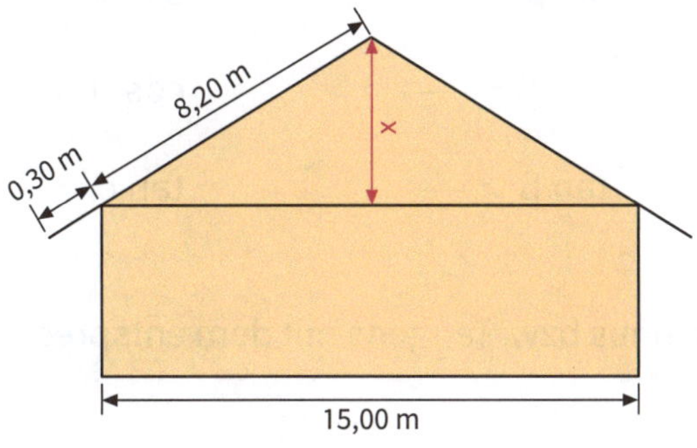

Hypotenuse: ______________

Kathete: ______________

x^2 = ______________

x = ______________

Antwort: ______________

____

b) Das Bild zeigt die Seitenansicht einer Garage. Die Dachsparren stehen vorn und hinten je 0,4 m über. Wie lang sind die Dachsparren insgesamt?
Markiere ein geeignetes Teildreieck.

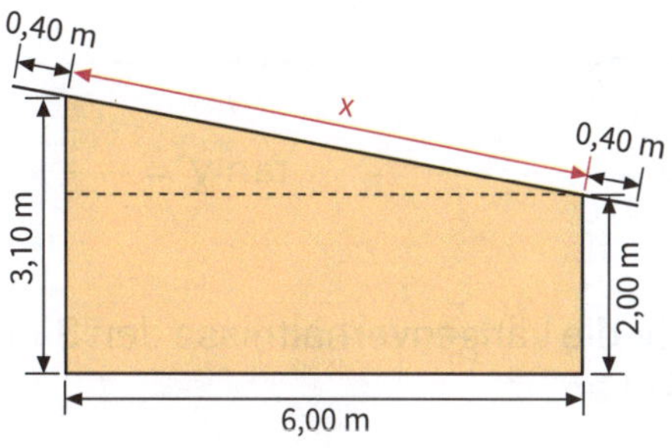

1. Kathete: ______________

2. Kathete: ______________

x^2 = ______________

x = ______________

Antwort: ______________

____

Sinus, Kosinus und Tangens im rechtwinkligen Dreieck

1. Markiere den Winkel α und die ihm gegenüberliegende Seite farbig.

a)

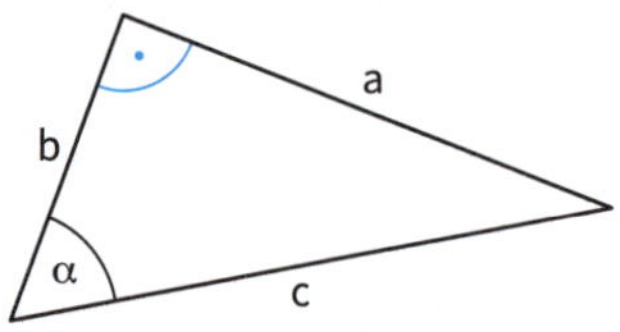

b)

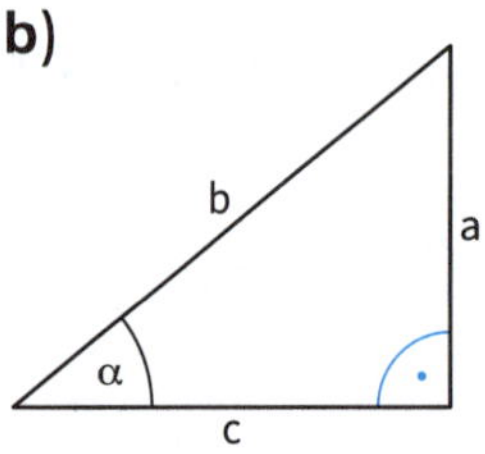

c)

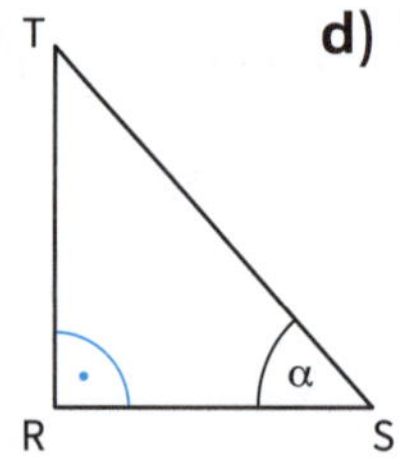

d)

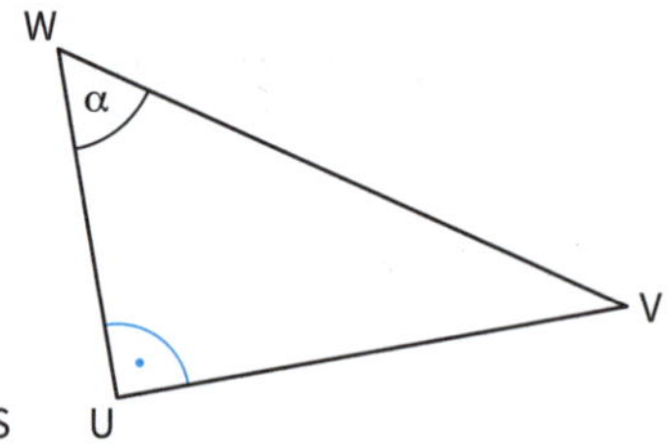

	a)	b)	c)	d)
Hypotenuse				
Gegenkathete zu α				
Ankathete zu α				
sin α				
cos α				
tan α				

2. Gib das entsprechende Längenverhältnis an.

a)

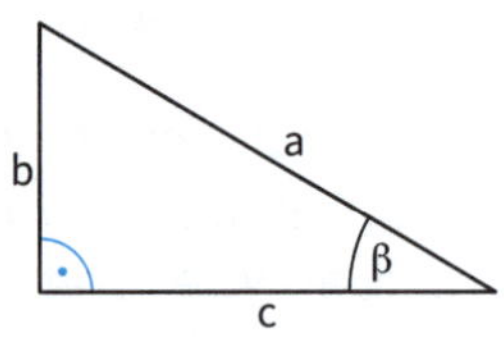

b)

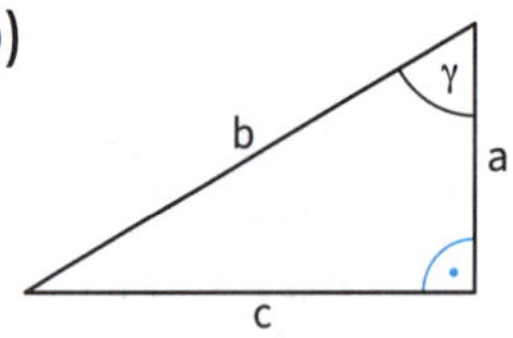

c)

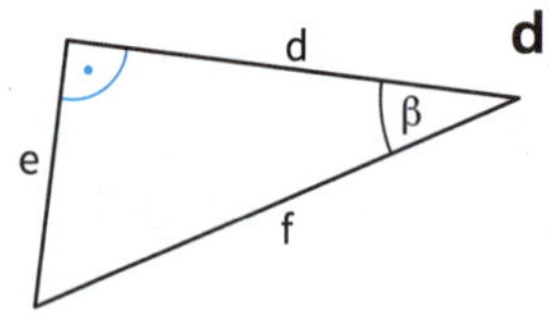

d)

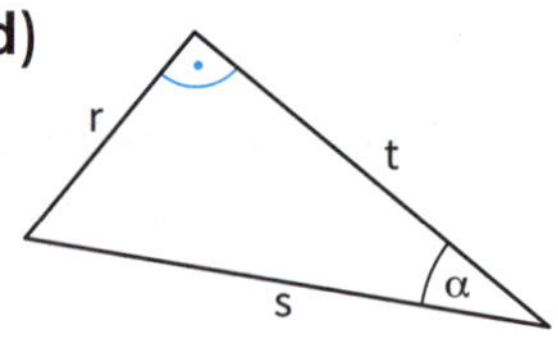

sin β = ——
cos β = ——
tan β = ——

sin γ = ——
cos γ = ——
tan γ = ——

sin β = ——
cos β = ——
tan β = ——

sin α = ——
cos α = ——
tan α = ——

3. Gib für die Längenverhältnisse den Sinus, Kosinus bzw. Tangens mit dem entsprechenden Winkel an.

a)

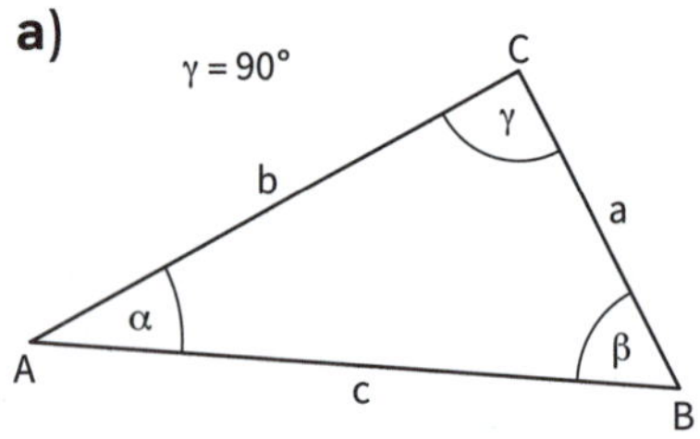

b)

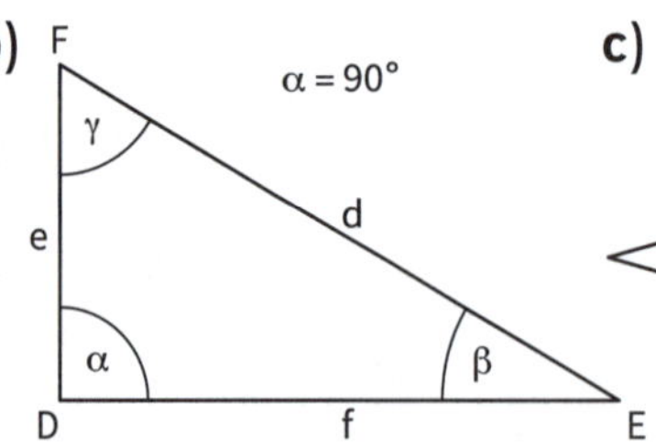

c)

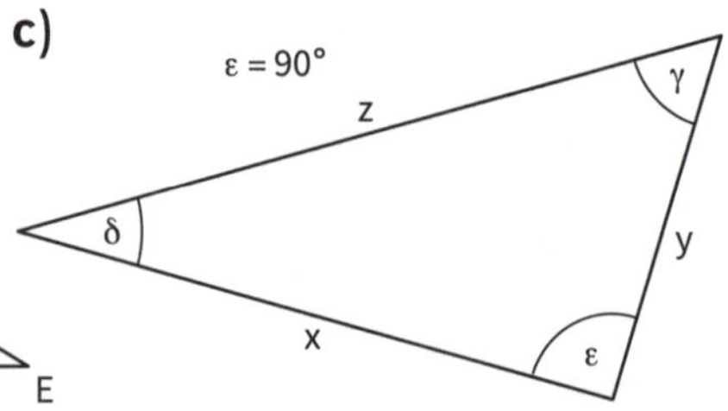

$\frac{a}{c}$ = ________ = ________

$\frac{b}{c}$ = ________ = ________

$\frac{a}{b}$ = ________

$\frac{e}{f}$ = ________________

$\frac{f}{d}$ = ________________

$\frac{e}{d}$ = ________________

$\frac{y}{z}$ = ________________

$\frac{y}{x}$ = ________________

$\frac{x}{z}$ = ________________

4. Berechne und runde auf vier Stellen nach dem Komma.

	a)	b)	c)	d)	e)	f)
α	56°	86°				
sin α			0,3579			−0,9876
cos α				0,7071		
tan α					1,2345	

5. Berechne die rot markierte Größe.

a)

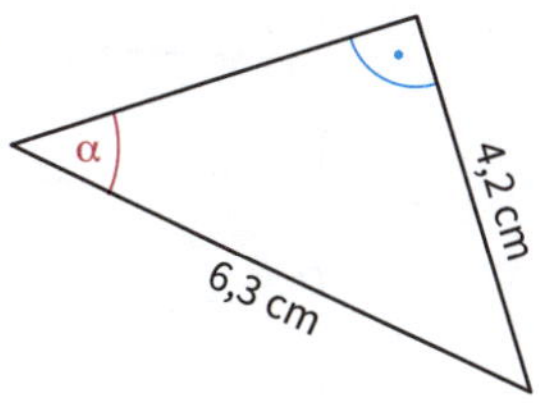

b)

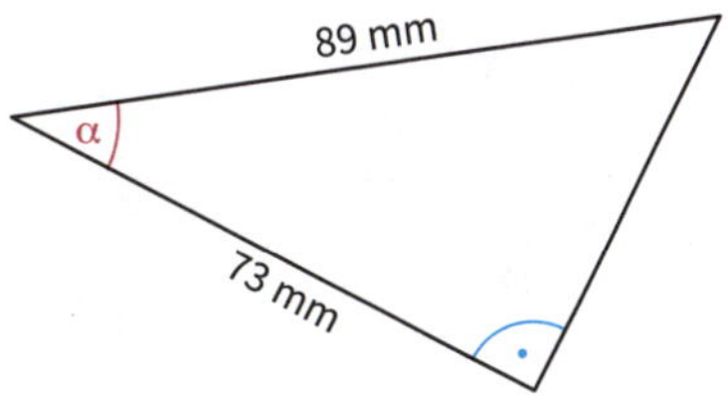

c)

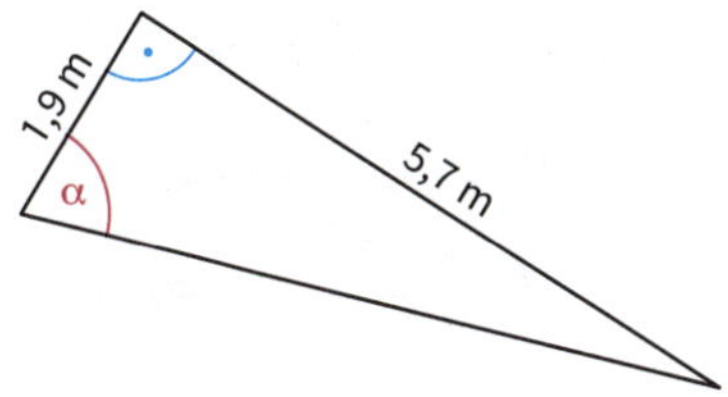

sin α = ____________ ____________ ____________

α = ____________ ____________ ____________

6. a)

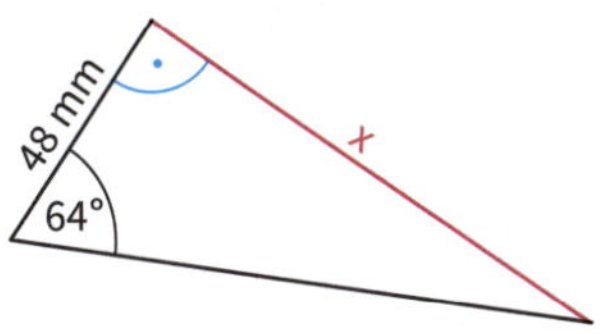

b)

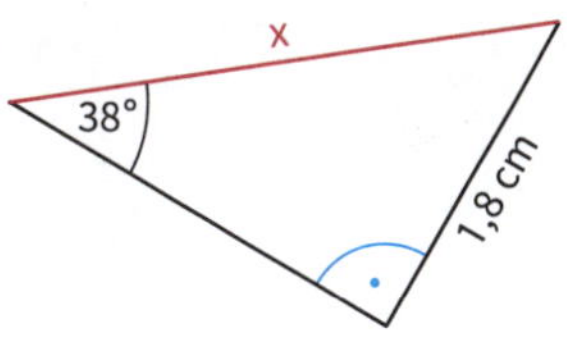

c)

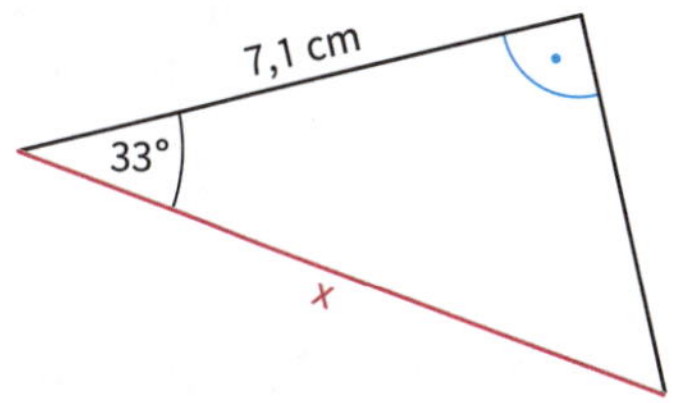

7. Der Schatten des Baumes ist 9,85 m lang. Die Sonnenstrahlen treffen unter dem Winkel α = 34° auf den Boden auf. Wie hoch ist der Baum?

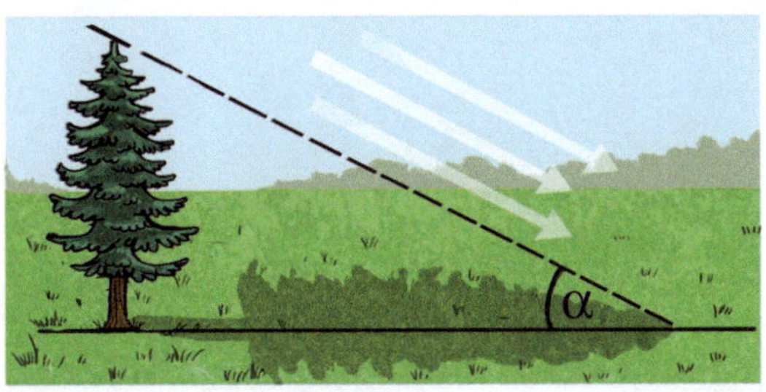

Antwort: ____

Berechnen von gleichschenkligen Dreiecken

1. Färbe die gegebenen Stücke des gleichschenkligen Dreiecks ABC rot und berechne die fehlenden Stücke.

a) $a = b = 5{,}2$ cm; $c = 4{,}6$ cm

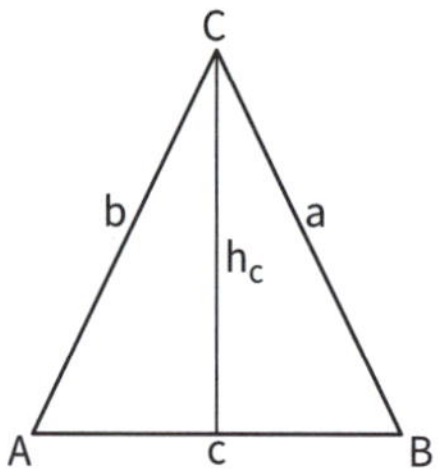

h_c = ______

α = ______

β = ______

γ = ______

b) $a = c$; $b = 5{,}0$ cm; $\alpha = 55°$

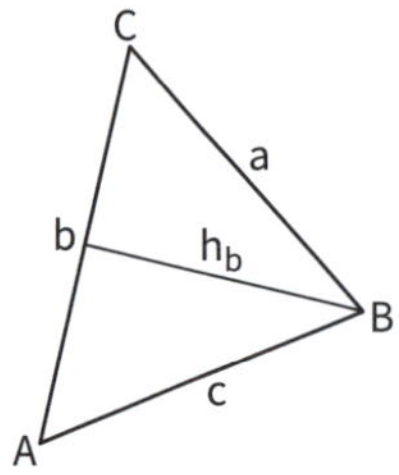

h_b = ______

β = ______

γ = ______

$a = c$ = ______

c) $b = c$; $h_a = 4{,}8$ cm; $a = 7{,}2$ cm

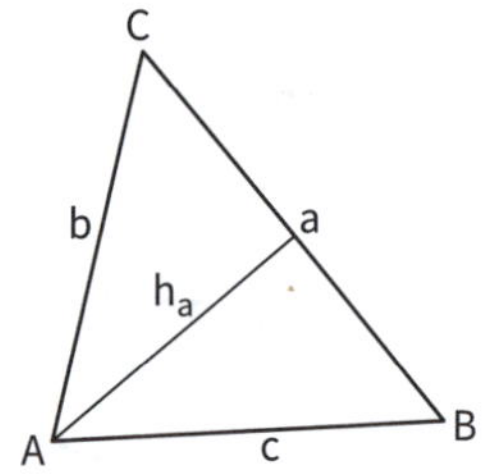

$b = c$ = ______

α = ______

β = ______

γ = ______

2. Berechne den Flächeninhalt A des gleichseitigen Dreiecks ABC.

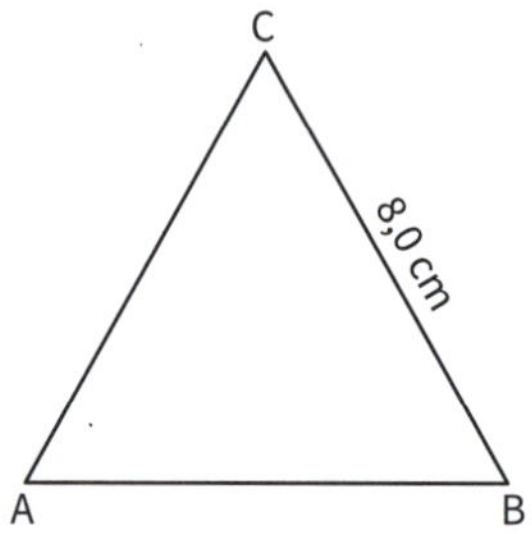

A = ______

3. (1) Wie hoch reicht die Stehleiter?
(2) Wie lang ist die zusammengeklappte Leiter?

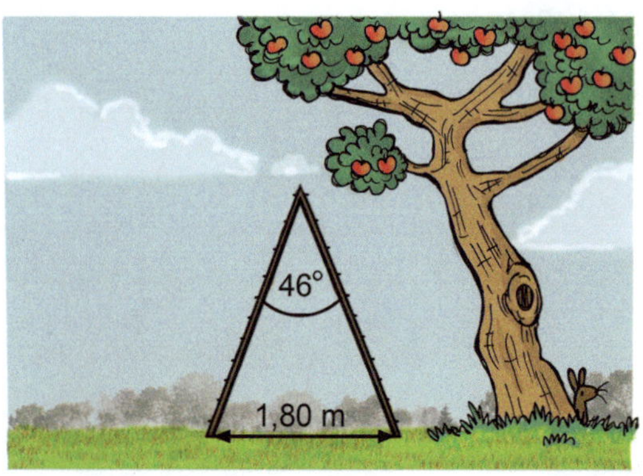

Antwort: ______

______

4. (1) Wie hoch ist das Haus?
(2) Wie lang sind die Dachsparren?

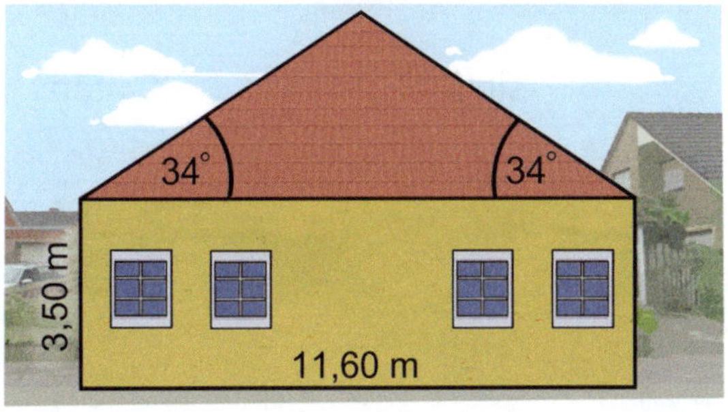

Antwort: ______________________________

5. (1) Berechne von der Raute die fehlenden Winkel.
(2) Wie lang sind die Diagonalen e und f?

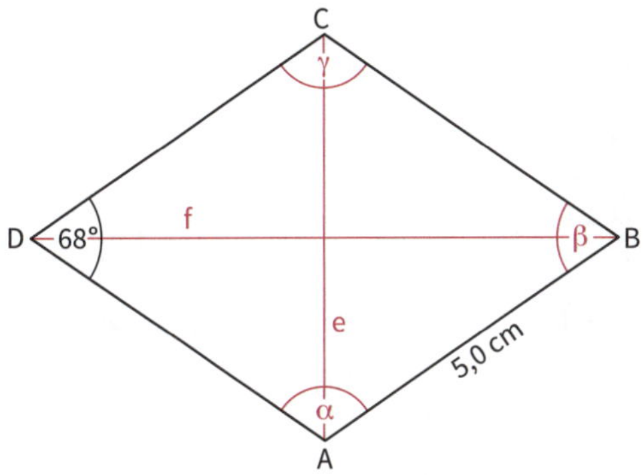

Ergebnisse: α = ________; β = ________; γ = ________; e = ________; f = ________

6. Von dem Drachenviereck ABCD sind f = 6,2 cm; b = 5,4 cm und α = 44° bekannt.
(1) Berechne die fehlenden Stücke.
(2) Berechne den Umfang u und den Flächeninhalt A des Drachenvierecks.

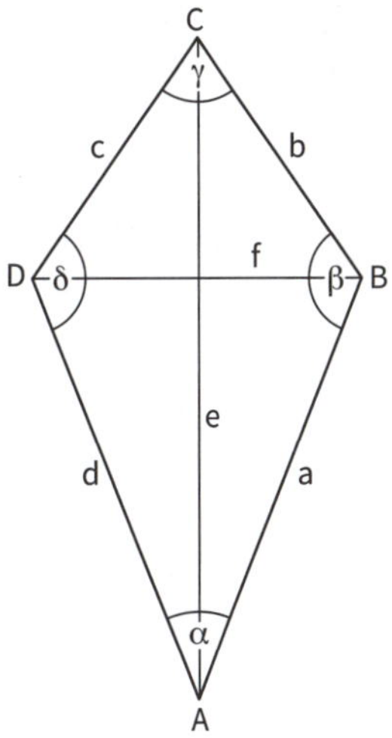

β = ________; γ = ________; δ = ________

a = ________; c = ________; d = ________

e = ________; u = ________; A = ________

Vermischte Übungen

1. Ergänze die Gleichungen.

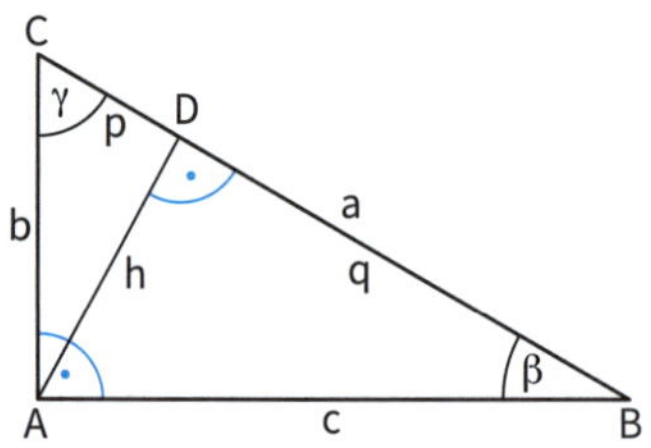

a) $\sin\beta = \frac{b}{\_\_\_}$ $\qquad \sin\beta = \frac{\_\_\_}{c}$ $\qquad \frac{b}{c} = \tan \_\_\_$

b) $a^2 = b^2 + \_\_\_$ $\qquad q^2 + h^2 = \_\_\_$ $\qquad a^2 - b^2 = \_\_\_$

c) $\gamma = 180° - 90° - \_\_\_$ $\qquad \tan\beta = \frac{\_\_\_}{\_\_\_} = \frac{\_\_\_}{\_\_\_}$

$\frac{c}{a} = \_\_\_ = \_\_\_$

2. Berechne für das Dreieck ABC die fehlenden Seiten und Winkel.

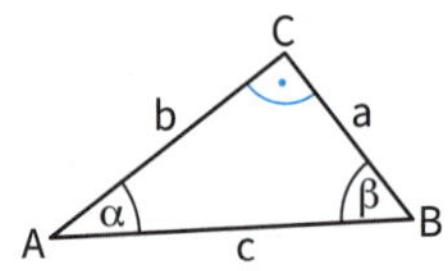

	a)	b)	c)	d)	e)	f)
a	39 cm	4,8 cm		5,3 cm		
b	47 cm				6,8 cm	
c		6,9 cm	6,7 cm			13,8 cm
α				41°		36,7°
β			50°		36°	

3.

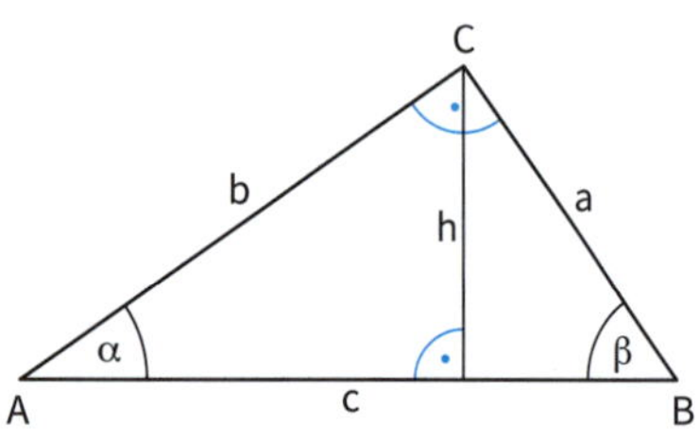

Berechne die fehlenden Streckenlängen und Winkelgrößen.
gegeben: b = 18,4 cm; c = 26,2 cm

a = ___________ $\qquad$ α = ___________

h = ___________ $\qquad$ β = ___________

4. Berechne den Umfang und den Flächeninhalt des Grundstücks.

a)

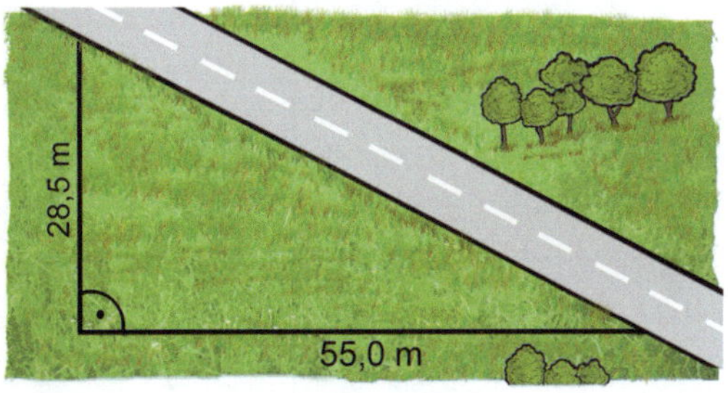

Antwort: ______

b)

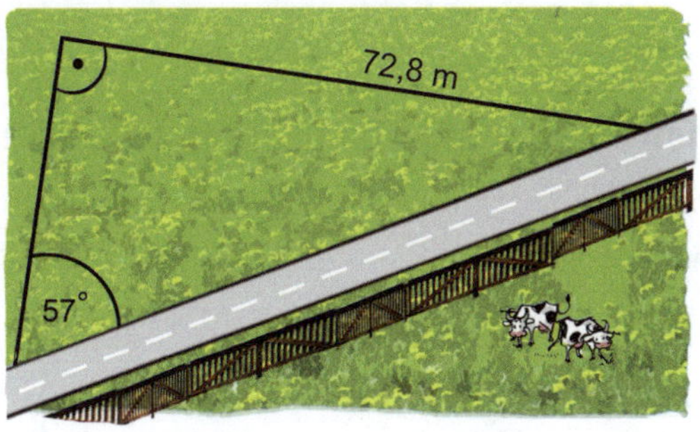

Antwort: ______

5. Überprüfe mit einer Rechnung, ob das Dreieck rechtwinklig ist.

a)

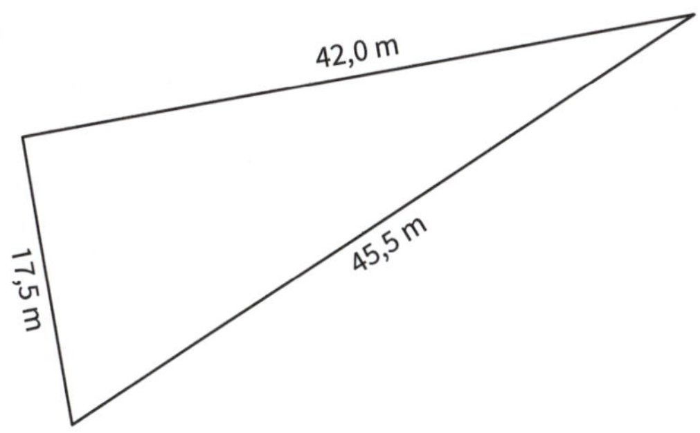

b)

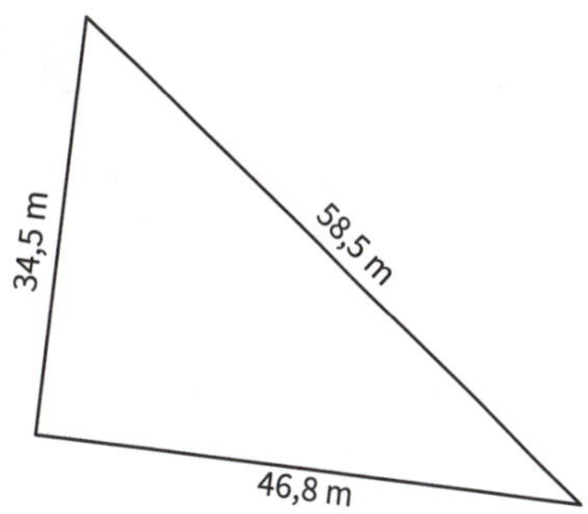

6. Wie breit ist der See?

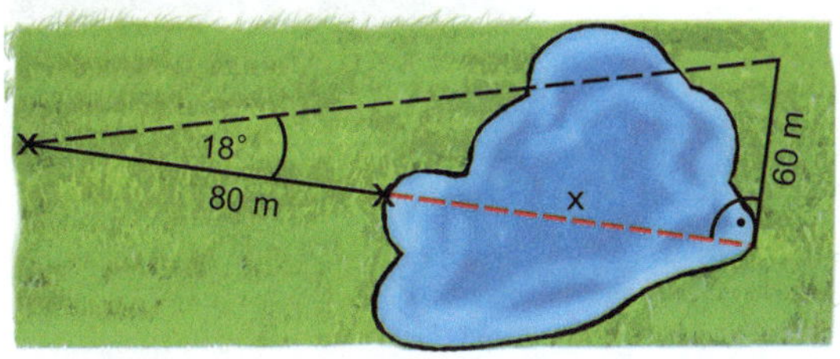

Antwort: ______

7. a) Trage A(−2|−1), B(2,5|3) und C(−2|3) in das Koordinatensystem ein.

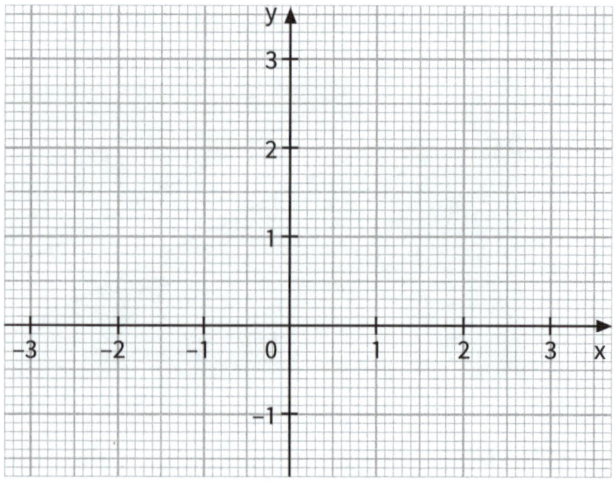

b) Berechne den Abstand der Punkte A, B und C vom Koordinatenursprung (0|0).

c) Ermittle für das Dreieck ABC den Flächeninhalt A, den Umfang u und die Größe der Innenwinkel α und β.

8. Berechne jeweils die Länge der Strecke x und die Größe des Winkels α.

a)

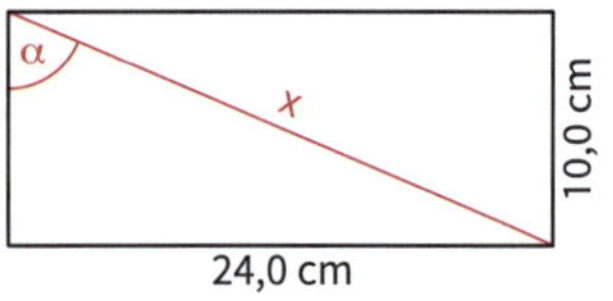

b)

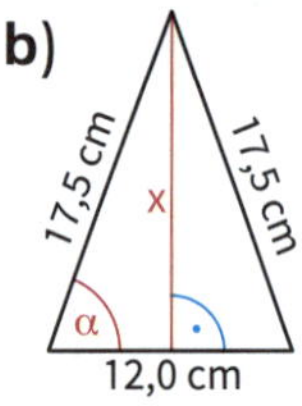

c)

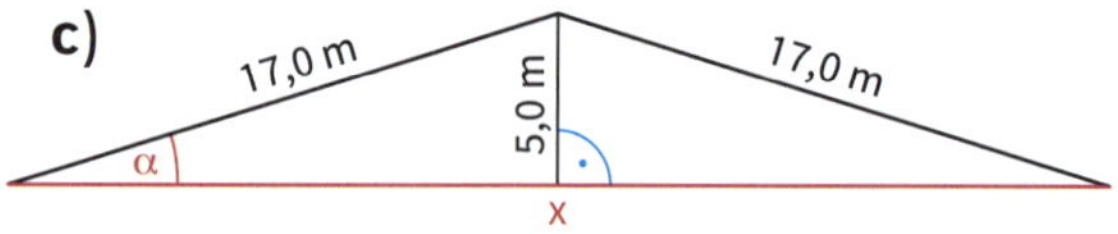

9. Herr Fleißig hat aus 2,00 m langen Holzlatten ein Rankgerüst für seine Bohnenpflanzen gebaut. Die Latten sind am Fuß 1,20 m voneinander entfernt. Berechne die Höhe des Rankgerüstes und die Größe des Winkels α.

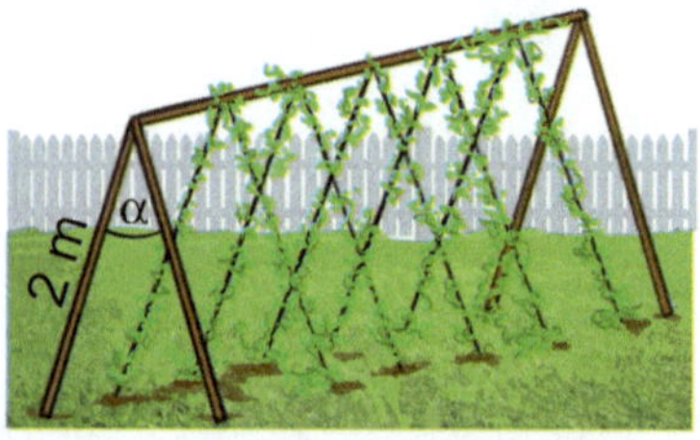

Antwort: ______________________________

Berechnen allgemeiner Dreiecke – Sinus- und Kosinussatz

1. Stelle eine Gleichung zum Sinussatz auf. Forme sie nach der angegebenen Größe um.

a)

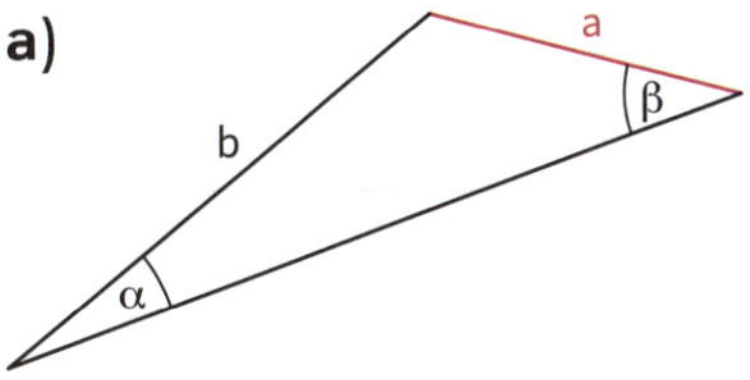

$\frac{a}{\_\_\_} = \_\_\_$

a =

b)

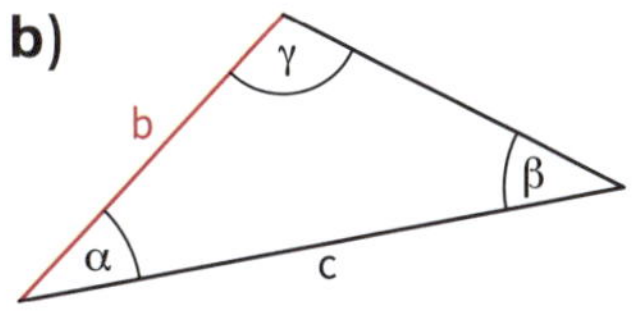

$\frac{b}{\_\_\_} = \_\_\_$

b =

c)

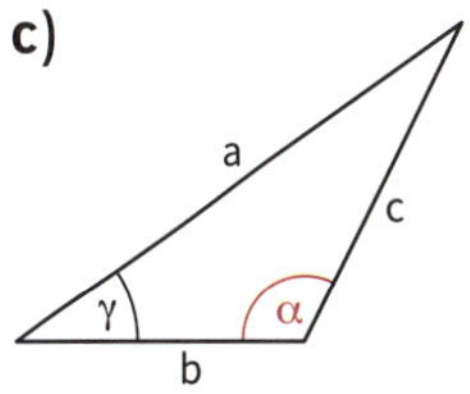

$\frac{\sin\alpha}{\_\_\_} = \_\_\_$

sin α =

2. Markiere in einer Skizze die gegebenen Größen im Dreieck ABC farbig. Konstruiere das Dreieck und berechne die gesuchte Größe.

a) $a = 7{,}5\text{ cm}$; $c = 6{,}0\text{ cm}$; $\alpha = 100°$
Berechne γ.

Skizze:

Konstruktion:

Rechnung:

b) $a = 3\text{ cm}$; $c = 5\text{ cm}$; $\gamma = 90°$
Berechne β.

Skizze:

Konstruktion:

Rechnung:

3. Berechne im Dreieck ABC die fehlenden Größen.

	a	b	c	α	β	γ
a)		6,0 cm		40°	65°	
b)	5,0 cm		7,0 cm			49°

4. Stelle eine Gleichung nach dem Kosinussatz auf, um die rot markierte Größe berechnen zu können.

a)

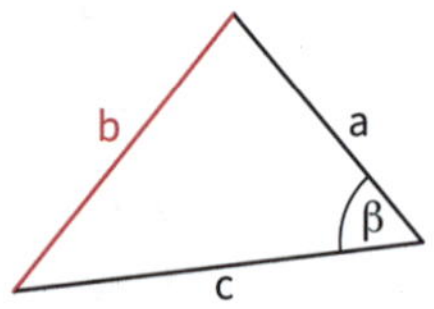

$b^2 =$

b)

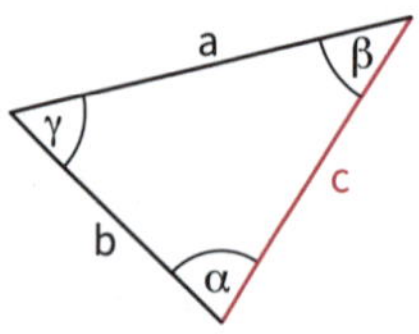

$c^2 =$

c)

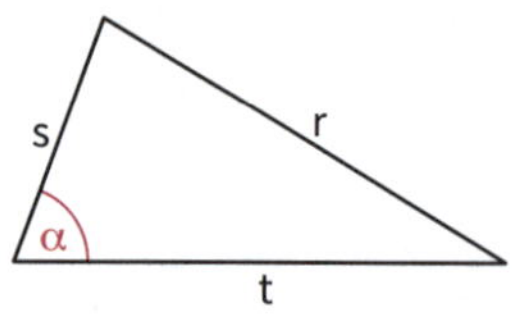

$\cos\alpha =$

5. Markiere in einer Skizze die gegebenen Größen im Dreieck ABC farbig. Konstruiere das Dreieck und berechne die gesuchte Größe.

a) $a = 2{,}5$ cm; $b = 4{,}0$ cm; $\gamma = 120°$
Berechne c.

Skizze:

Konstruktion:

Rechnung:

b) $a = 3$ cm; $b = c = 5$ cm
Berechne β.

Skizze:

Konstruktion:

Rechnung:

6. Berechne im Dreieck ABC die gesuchte Größe.

	gegeben			**gesucht**
a)	a = 4 cm	b = 6 cm	γ = 25°	c
b)	b = 50 cm	c = 80 cm	α = 41°	a
c)	a = 9 cm	b = 4 cm	c = 11 cm	α

Berechnen des Flächeninhalts eines Dreiecks

1. Ein Flurstück wurde neu vermessen. Ermittle den Flächeninhalt. Gib ihn auch in Hektar an.

Skizze: *Rechnung:*

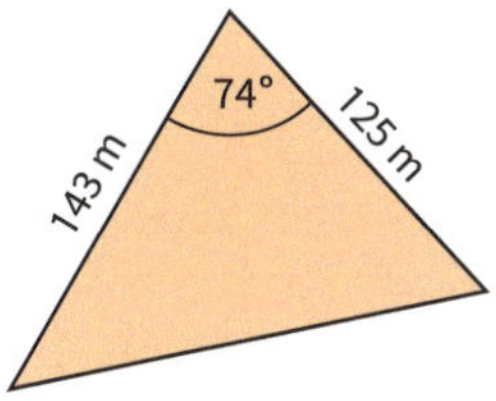

Antwort: ______

2. Berechne den Flächeninhalt A und den Umfang u des abgebildeten Grundstücks.

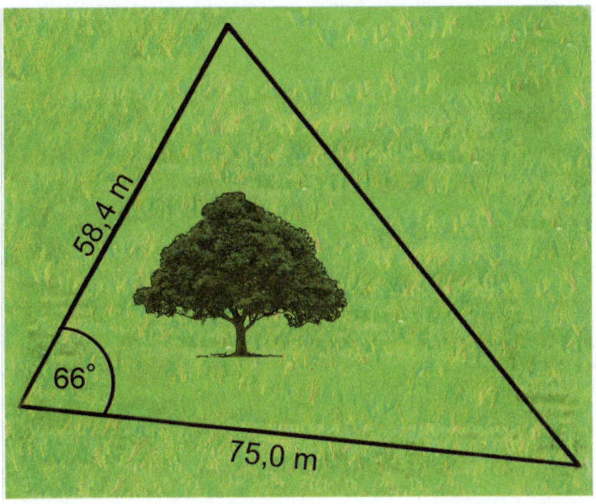

Rechnung:

Antwort: ______

3. Der dreieckige Parkplatz neben der Sporthalle soll gepflastert werden. Seine Seiten sind 12 m, 25 m und 31 m lang. Für 1 m^2 sind 50 Steine einzuplanen. Wie viele Pflastersteine werden mindestens benötigt?

Skizze: *Rechnung:*

Antwort: ______

Berechnen von Vielecken

1. Das Grundstück wird eingezäunt. Ein Meter kostet 29,50 € zuzüglich Mehrwertsteuer.

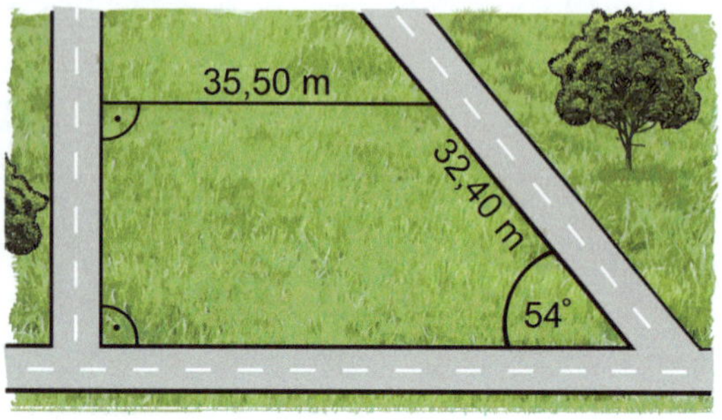

Frage: ______________________________

Antwort: ______________________________

2. Ein 65 m langer Lärmschutzwall soll errichtet werden. Der Querschnitt des Walls hat die Form eines gleichschenkligen Trapezes.
(1) Wie hoch wird der Wall?
(2) Wie viel m^3 Schüttgut muss für den Bau des Walls herangefahren werden?

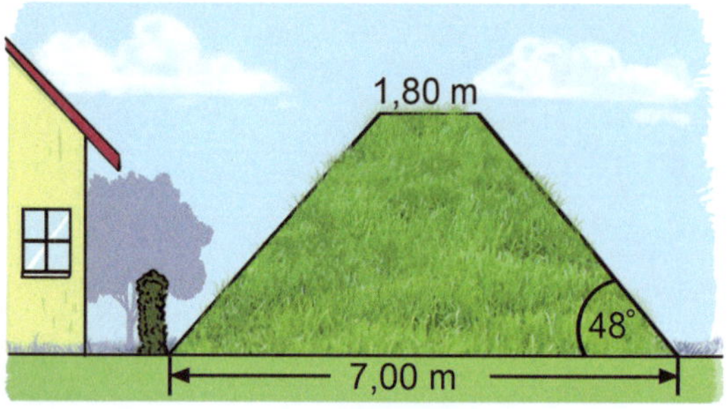

Antwort: ______________________________

3. Wie groß ist das Grundstück?

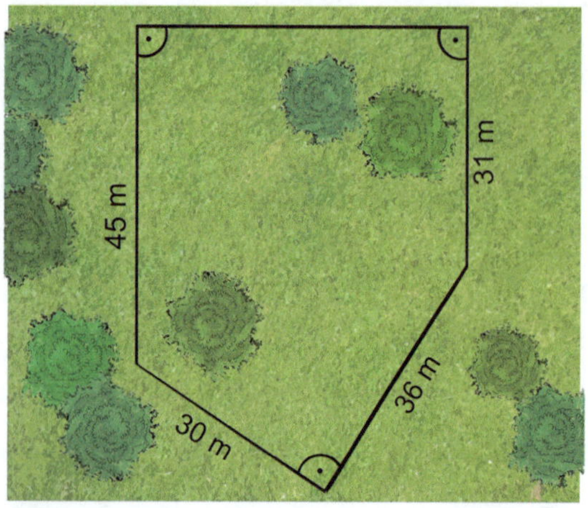

Antwort: ______________________________

4. Im Viereck ABCD ist $\overline{AB} = 7{,}3$ cm; $\overline{AD} = 8{,}5$ cm und $\beta = 115°$.

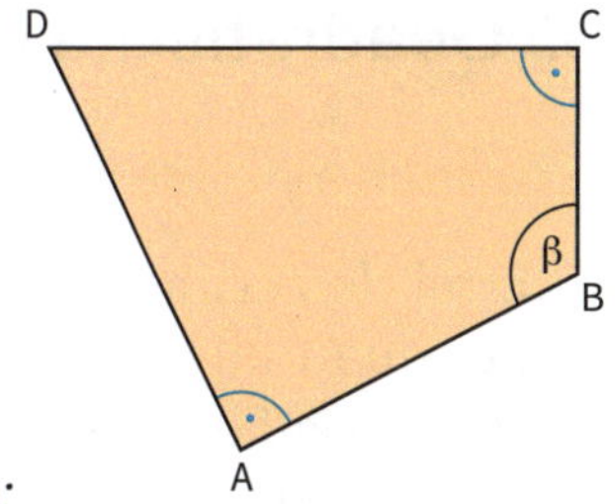

a) Bestimme die Länge der Seite $\overline{CD}$.

zeichnerische Lösung:

Rechnung:

Antwort: ______________________________

b) Welchen Umfang hat das Viereck ABCD?

Antwort: ______________________________

c) Berechne den Flächeninhalt des Vierecks ABCD.

Antwort: ______________________________

3. Quadratische Gleichungen

Grafisches Lösen quadratischer Gleichungen

1. Ermittle zeichnerisch die Lösung der quadratischen Gleichung $x^2 = x + 2$. Führe eine Probe durch.
Abgelesen:

x_1 = ________ x_2 = ________

Probe: ______________________________

____

L = { ; }

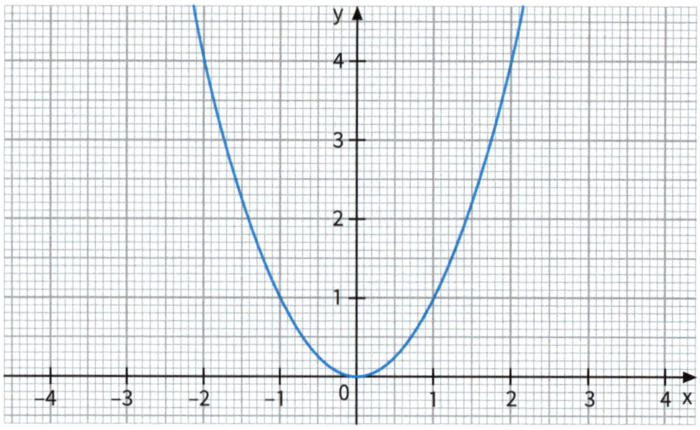

2. Bestimme die Lösungsmenge grafisch. Mache die Probe.

a) $x^2 = -x + 2$

L = { ; }

Probe: ______________________________

____

b) $x^2 = \frac{1}{2}x + 3$

L = ______________________________

____

____

c) $x^2 - 2x + 1 = 0$

x^2 = ______________________________

L = ______________________________

____

____

d) $x^2 + x - 6 = 0$

____

L = ______________________________

____

____

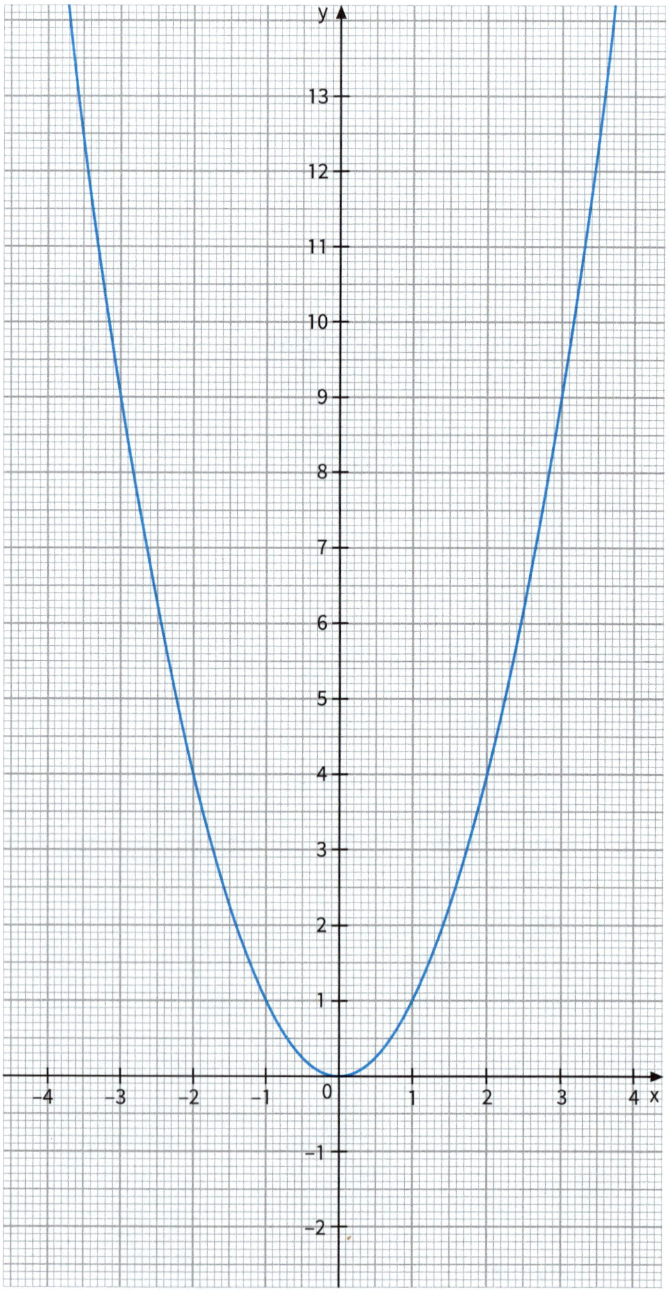

Rechnerisches Lösen quadratischer Gleichungen

1. Löse die Gleichung im Kopf.

a) $x^2 = 64$ **c)** $y^2 = 1\,600$ **e)** $x^2 = -9$ **g)** $z^2 = 0{,}25$

x_1 = ______ ______ ______ ______

x_2 = ______ ______ ______ ______

b) $y^2 = 225$ **d)** $x^2 = 1{,}21$ **f)** $x^2 = \frac{16}{25}$ **h)** $x^2 = -\frac{1}{4}$

y_1 = ______ ______ ______ ______

y_2 = ______ ______ ______ ______

2. Stelle die Gleichung zuerst um. Bestimme die Lösungen.

a) $x^2 - 25 = 0$ | + 25 **c)** $7y^2 = \frac{7}{9}$ | **e)** $0{,}7a^2 = \frac{7}{10}$ |

x^2 = ______ ______ ______

x_1 = ______ ______ ______

x_2 = ______ ______ ______

b) $3x^2 = 48$ | **d)** $\frac{1}{2}x^2 = \frac{49}{8}$ | **f)** $5z^2 = 60$ |

______ ______ ______

______ ______ ______

______ ______ ______

3. Stelle die Gleichungen zuerst um. Bestimme die Lösungen.

a) $3x^2 - 27 = 0$ | + **b)** $15x^2 = 9x^2 + 1{,}5$ | **c)** $6x^2 + 8 = 8x^2 - 4$ |

$3x^2$ = ______ | : ______ ______

x^2 = ______ ______ ______

x_1 = ______ ______ ______

x_2 = ______ ______ ______

4. Löse die Gleichung.

a) $x(x - 8) = 0$ **b)** $x^2 + 5x = 0$ **c)** $x^2 = -3x$ **d)** $3x^2 - 12x = 0$

x_1 = ______ x(______) = 0 ______ ______

x_2 = ______ x_1 = ______; x_2 = ______ x_1 = ______; x_2 = ______ x_1 = ______; x_2 = ______

5. Bestimme die Lösungen.

a) $(x + 4)^2 = 49 \quad |\sqrt{\;}$

$x + 4 = 7$ oder $x + 4 = -7$

$x_1 =$ ______ oder $x_2 =$ ______

b) $(x - 5)^2 = 9$

$x - 5 =$ ______ oder ____________

$x_1 =$ ______ oder $x_2 =$ ______

c) $(x - 0{,}4)^2 = 36$

____________ oder ____________

____________ oder ____________

d) $\left(x + \frac{1}{2}\right)^2 = \frac{25}{16}$

____

____

6. Löse die quadratischen Gleichungen mithilfe der Lösungsformel und markiere die Luftballons mit den richtigen Lösungen.

a) $x^2 + 2x - 8 = 0$ **b)** $x^2 - 11x + 30 = 0$ **c)** $x^2 + 6x + 9 = 0$

7. Löse die quadratischen Gleichungen.

a) $0 = 2x^2 - 4x - 6 \quad |:2$

______ $= x^2 -$ ______

$x_{1/2} =$ ____________

$x_{1/2} =$ ____________

$x_1 =$ ____________

$x_2 =$ ____________

b) $0 = -x^2 + 2x + 8$

c) $0 = -\frac{1}{2}x^2 + \frac{1}{4}x - 2$

d) $x^2 + 8x - 9 = 5x + 9$

8. Bestimme nur mithilfe der Diskriminante die Anzahl der Lösungen.

a) $x^2 - 2x + 6 = 0$

☐ keine ☐ eine ☐ zwei

b) $2x^2 + 6x - 10 = 0$

☐ keine ☐ eine ☐ zwei

c) $3x^2 + 21x = 24$

☐ keine ☐ eine ☐ zwei

d) $x^2 + 2x = -1$

☐ keine ☐ eine ☐ zwei

9. Löse das Zahlenrätsel mithilfe einer quadratischen Gleichung.

a)

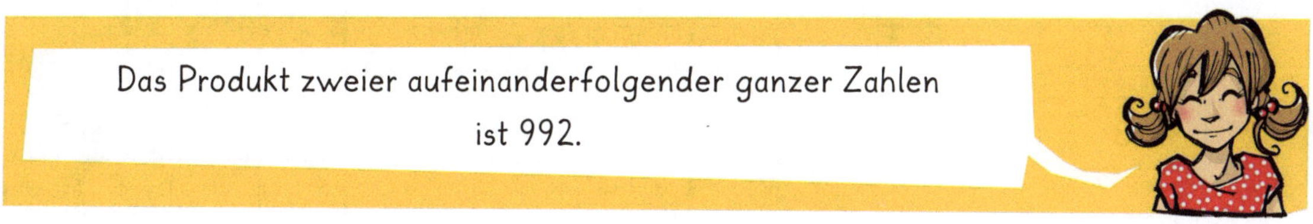

b)

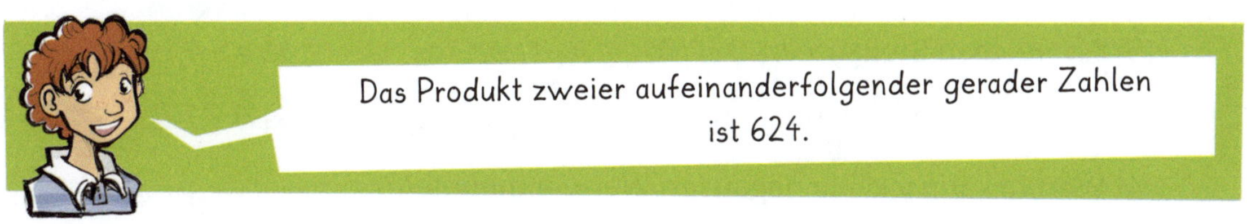

4. Quadratische Funktionen

Die quadratische Funktion $y = x^2$ – Normalparabel

1. a) Zeichne mithilfe einer Wertetabelle den Graphen der Funktion mit $y = x^2$ in das Koordinatensystem. Überprüfe mit der Parabelschablone.

x	y
−3	9
−2,5	
−2	
0	
0,5	
3	

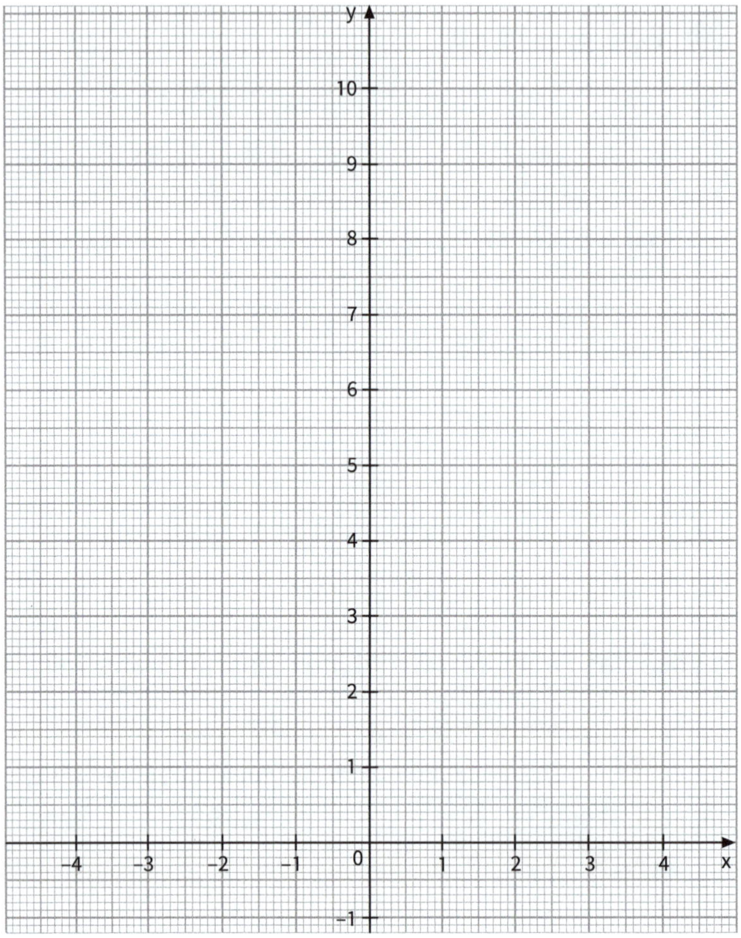

b) Lies an dem Graphen ab.

(1) $0{,}9^2 =$ ______; $1{,}6^2 =$ ______; $(-0{,}5)^2 =$ ______; $(-1{,}2)^2 =$ ______; $(-2{,}8)^2 =$ ______

(2) An welchen Stellen x ist $y = 4$; $y = 2{,}5$?

$x_1 =$ ______ $x_2 =$ ______ $x_1 =$ ______ $x_2 =$ ______

(3) An welchen Stellen x ist $x^2 = 6$; $x^2 = -4$?

$x_1 =$ ______ $x_2 =$ ______ $x_1 =$ ______ $x_2 =$ ______

(4) Warum kann y keine negativen Werte annehmen?

Begründung: ______________________________

(5) Wie liegen die Punkte aus (2) mit den Koordinaten $P_1(x_1 | 4)$ und $P_2(x_2 | 4)$ bezüglich der y-Achse?

____

Quadratische Funktionen mit der Gleichung $y = ax^2$

1. a) Zeichne die Normalparabel in das Koordinatensystem.
Ergänze die Wertetabellen und skizziere die zugehörigen Graphen.

(1) $y = \frac{1}{2}x^2$

x	−2				
y	2				

(2) $y = 1{,}5x^2$

x					
y					

(3) $y = -\frac{1}{2}x^2$

x					
y					

(4) $y = -\frac{3}{2}x^2$

x					
y					

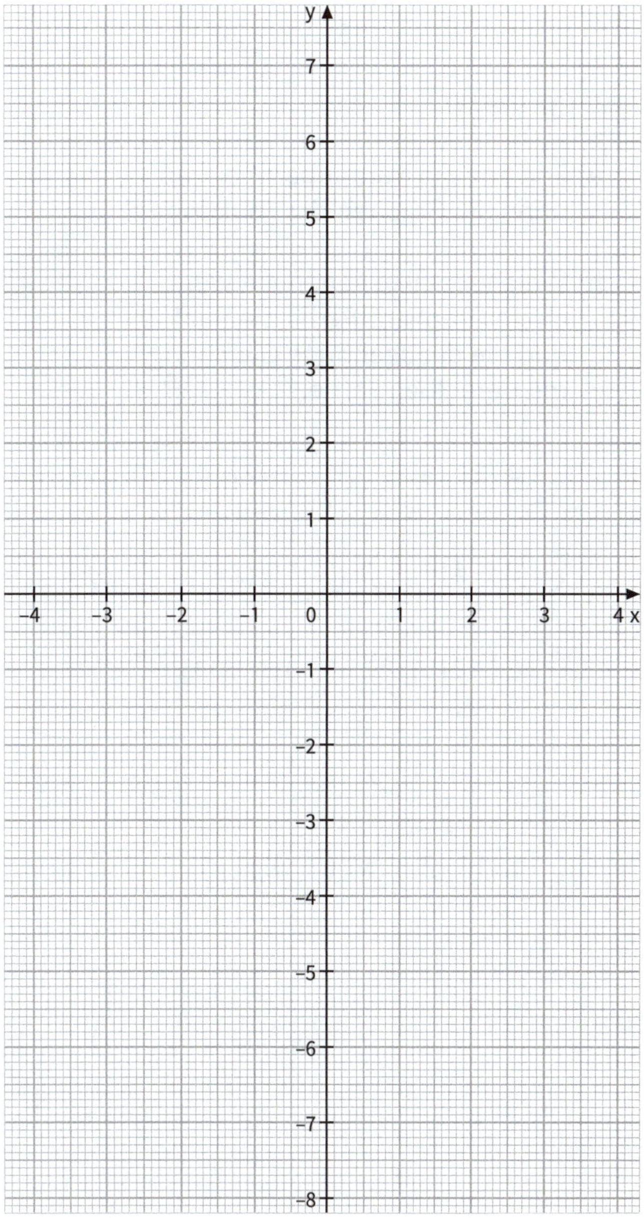

Vergleiche den Verlauf der Graphen mit der Normalparabel.

(1) ______

(2) ______

(3) ______

(4) ______

b) Ergänze – wenn möglich – die Koordinaten der Punkte so, dass sie auf dem Graphen der Funktion liegen.

	$P_1(1\|\ \ )$	$P_2(-4\|\ \ )$	$P_3(\frac{1}{2}\|\ \ )$	$P_4(\ \ \|1)$	$P_5(\ \ \|-1)$
(1) $y = \frac{1}{2}x^2$	$(1\|\frac{1}{2})$				
(2) $y = 1{,}5x^2$					
(3) $y = -\frac{1}{2}x^2$					
(4) $y = -\frac{3}{2}x^2$					

2. Gegeben sind folgende Gleichungen von Funktionen:

(1) $y = -x^2$

(2) $y = 2x^2$

(3) $y = \frac{1}{4}x^2$

(4) $y = -2x^2$

(5) $y = -\frac{1}{4}x^2$

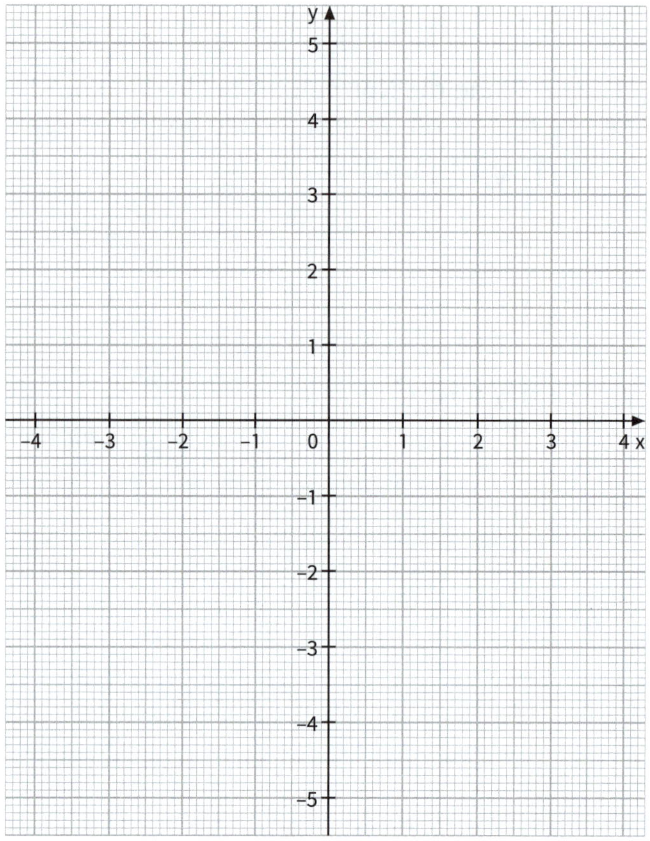

a) Zeichne die Normalparabel und dann die Graphen der Funktionen.

b) Welche Punkte liegen auf welchem Graphen? Färbe die Punkte und die dazugehörige Gleichung mit derselben Farbe.

A (3 | −9) F (2 | −1)

B (−4 | 4) G (2 | 1)

C (−2 | 8) H (−2 | 1)

D (−4 | −4) I (−3 | −9) L (1,5 | 4,5) N (−3 | 9)

E (1 | −2) K ($\frac{1}{2}$ | $\frac{1}{2}$) M (−1 | −2)

3.

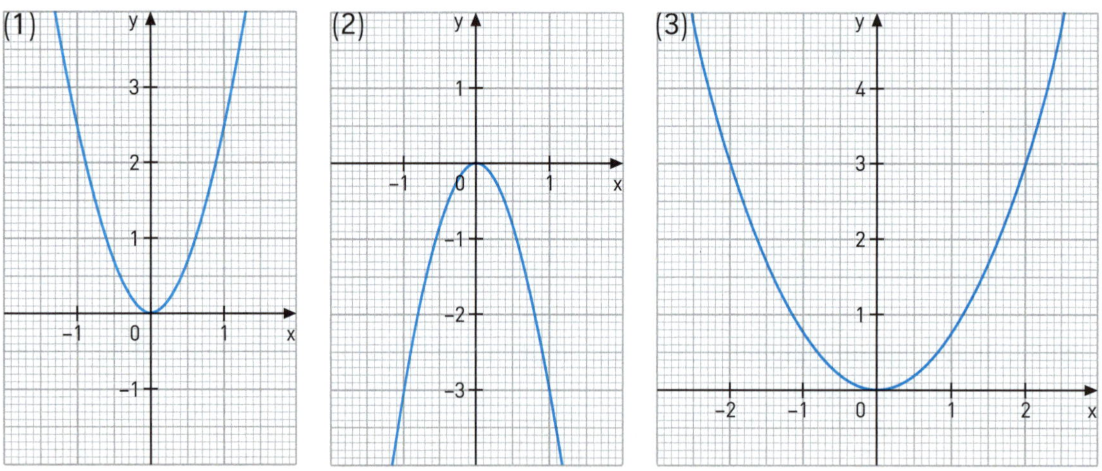

(1) ______________ (2) ______________ (3) ______________

a) Welche Funktionsgleichung gehört zu den Graphen? Schreibe jeweils darunter.

b) Ergänze die Koordinaten so, dass P und Q auf dem Graphen liegen.

(1): P (3 | ___) Q (___ | 10)

(2): P (−1,5 | ___) Q (___ | −12)

(3): P (−3 | ___) Q (___ | 0,75)

Quadratische Funktionen mit der Gleichung $y = x^2 + px + q$

1. a) Ergänze die Wertetabellen.
Zeichne die Graphen und auch die Normalparabel in das Koordinatensystem.

(1) $y = x^2 + 2$

x					
y					

(2) $y = x^2 - 3$

x					
y					

(3) $y = (x - 2)^2$

x					
y					

(4) $y = (x + 1)^2$

x					
y					

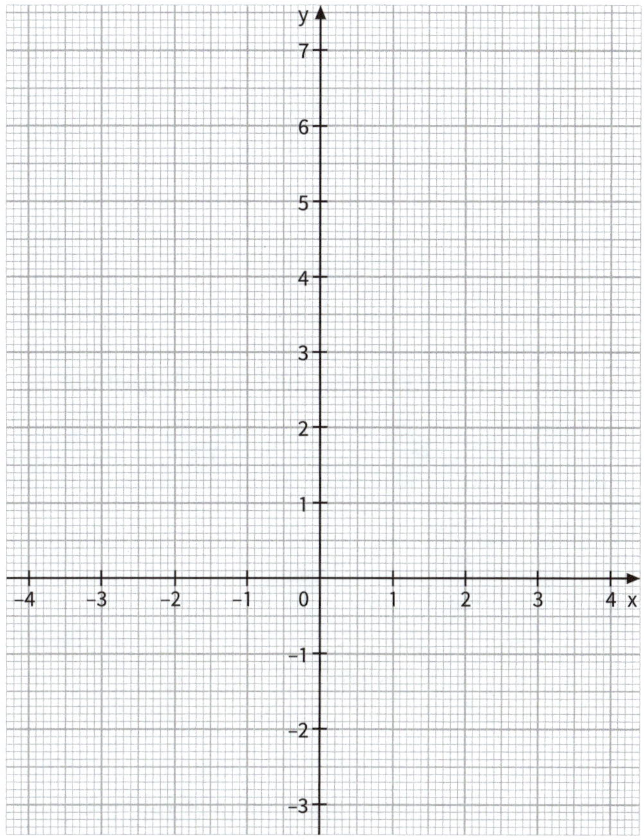

b) Betrachte die Graphen und ergänze die Tabelle.

	$y = x^2$	(1) $y = x^2 + 2$	(2) $y = x^2 - 3$	(3) $y = (x - 2)^2$	(4) $y = (x + 1)^2$
Scheitelpunkt					
Nullstellen					
Symmetrieachse					

c) Ergänze den Lückentext.

Graphen von Funktionen mit der Gleichung $y = x^2 + e$ sind in Richtung der ________-Achse verschobene Normalparabeln. Sie haben den Scheitelpunkt S(_____|_____). Ist $e < 0$, dann besitzt die Funktion ________ Nullstellen, ist $e > 0$, hat sie ________ Nullstelle. Symmetrieachse solcher Parabeln ist die ____________________.

Graphen von Funktionen mit der Gleichung $y = (x + d)^2$ sind in Richtung der ________-Achse verschobene Normalparabeln. Sie haben den Scheitelpunkt S(_____|_____) und besitzen ________ Nullstelle bei x = ________.
Die Symmetrieachse solcher Parabeln verläuft ____
____.

2. Betrachte die dargestellten Graphen und ergänze.

	Scheitelpunkt	Funktionsgleichung
a)		
b)		
c)		
d)		

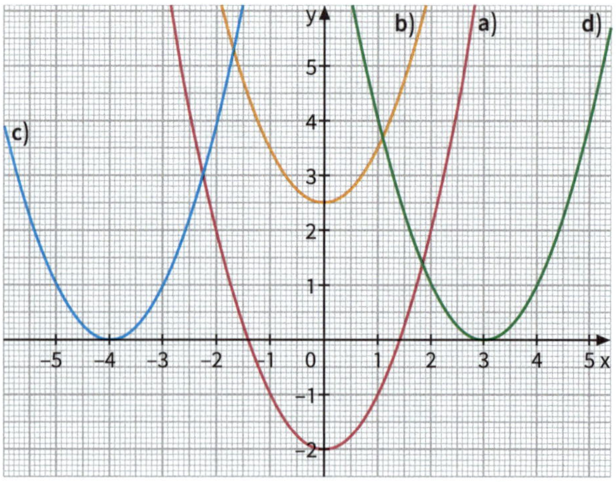

3. Ordne den Funktionen ihre Scheitelpunkte zu.

$y = x^2 + 4$ | $y = x^2 - 4$ | $y = (x + 0{,}4)^2$ | $y = x^2 + 0{,}4$ | $y = (x - 4)^2$ | $y = x^2 - 0{,}4$ | $y = (x - 0{,}4)^2$

S(0|0,4) | S(0,4|0) | S(0|−4) | S(0|4) | S(4|0) | S(−0,4|0) | S(0|−0,4)

4. a) Ergänze die Wertetabelle und zeichne die Graphen der beiden Funktionen.

x	$y = (x - 1)^2$	$y = (x - 1)^2 - 2$
−1		
0		
1		
2		
3		

b) Gib den Scheitelpunkt des Graphen der Funktion $y = (x - 1)^2 - 2$ an.

S(______|______)

c) Gib die Gleichung der Funktion $y = (x - 1)^2 - 2$ in der Normalform an.

____

____

____

____

5. Zeichne den Graphen der Funktion. Ergänze die Tabelle.

Scheitelpunktform	**a)** $y = (x-2)^2 + 3$	**b)**	**c)**	**d)**
Normalform				$y = x^2 - 6x + 9$
Scheitelpunkt		S(1 | −2)		
Nullstellen			$x_1 = -5$; $x_2 = -3$	
Wertebereich				

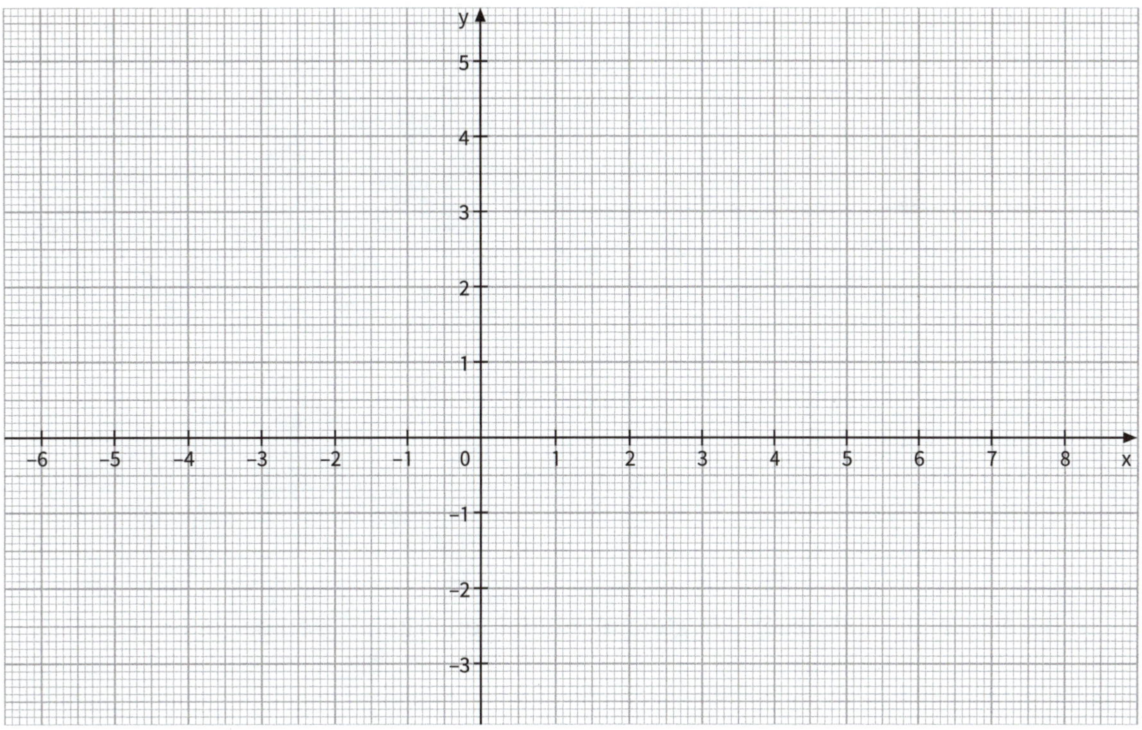

6. Welcher Punkt liegt auf welcher Parabel? Verbinde.

$y = x^2 + 10x + 4$ | $y = x^2 - 8x + 6$ | $y = x^2 - 5{,}5x - 6$ | $y = x^2 + \frac{1}{2}x - 3$

P(8 | 14) | Q(−2 | −12) | R(3 | −9) | S(−1,5 | −1,5) | T(−3 | −11)

7. Kontrolliere, ob richtig gerechnet wurde. Korrigiere, falls nötig.

a) $y = (x-1)^2 + 4$
$y = x^2 - 2x - 1 + 4$
$y = x^2 - 2x + 3$

b) $y = (x+2)^2 - 4$
$y = x^2 + 4x + 4 - 4$
$y = x^2 + 4x$

c) $y = (x-5)^2 - 10$
$y = x^2 - 5x + 25 - 10$
$y = x^2 - 5x + 15$

Nullstellen quadratischer Funktionen

1. a) Zeichne die Graphen folgender Funktionen in das Koordinatensystem, markiere die Nullstellen farbig und lies sie möglichst genau ab.

Quadratische Funktion	Nullstellen
(1) $y = x^2 - 4$	
(2) $y = (x - 2)^2$	
(3) $y = (x + 1)^2 - 2$	
(4) $y = x^2 + 2x - 3$	

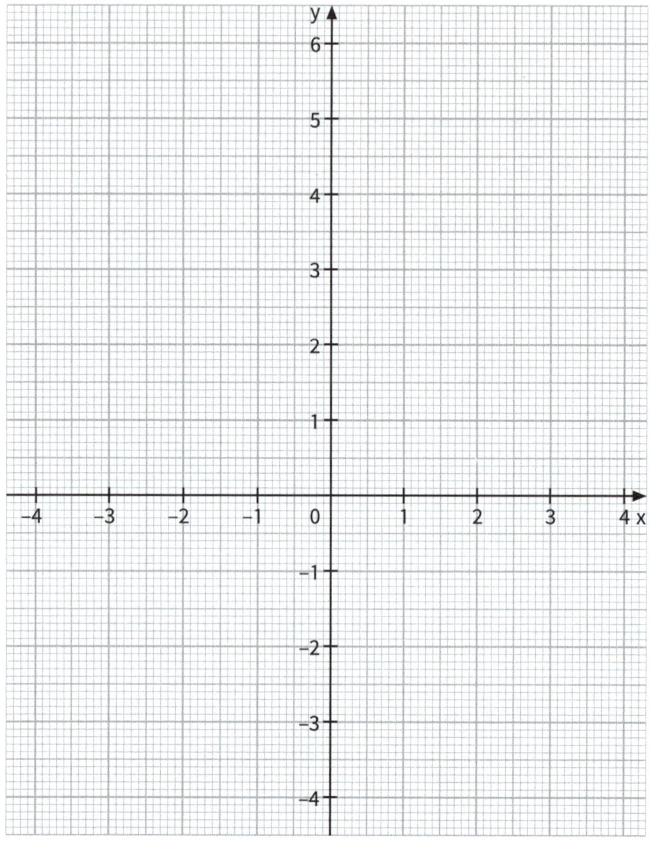

b) Berechne die Nullstellen. Vergleiche mit deinen Ergebnissen bei Teilaufgabe a).

2. Gib die Koordinaten des Scheitelpunktes an und entscheide dann, wie viele Nullstellen die Funktion hat. Du sollst weder zeichnen noch rechnen.

		Scheitelpunkt	Anzahl der Nullstellen
a)	$y = (x + 2)^2$		
b)	$y = (x + 1)^2 - 0{,}5$		
c)	$y = x^2 + 4$		

5. Sinusfunktionen

Sinus eines Winkels am Einheitskreis

1. Bestimme die Sinuswerte zeichnerisch am Einheitskreis.

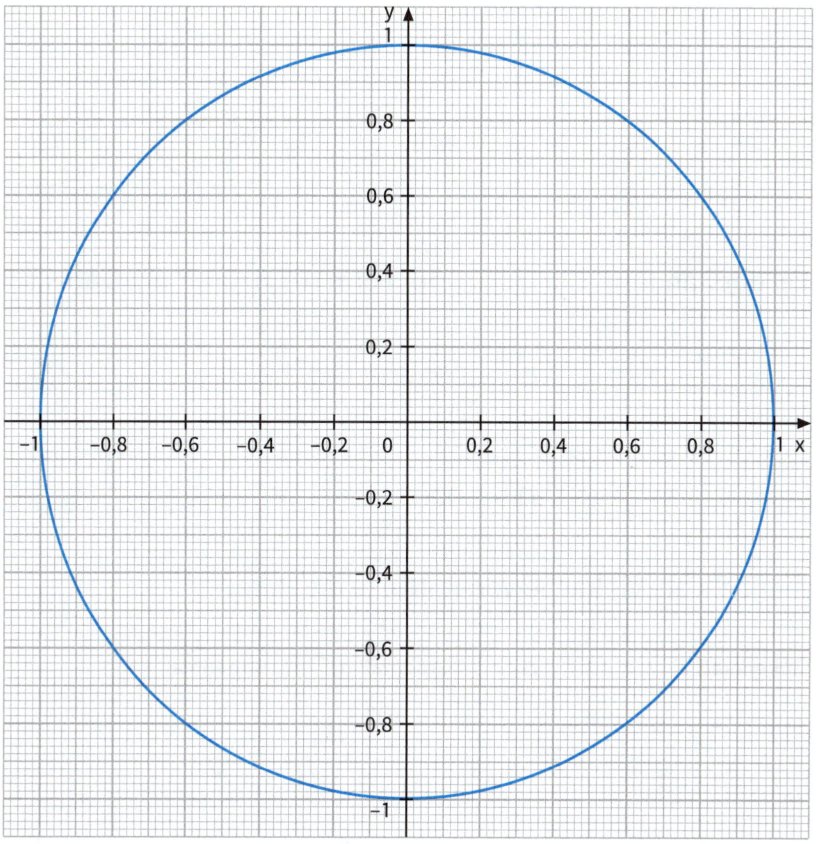

a) sin 37° = ________

b) sin 270° = ________

c) sin 307° = ________

d) sin 45° = ________

e) sin 323° = ________

f) sin 117° = ________

2. Bestimme zeichnerisch alle Winkel im Intervall $0° \leq \alpha \leq 360°$, für die gilt:

a) $\sin \alpha = 0{,}5$ ________

b) $\sin \alpha = 1$ ________

c) $\sin \alpha = -1$ ________

d) $\sin \alpha = 0{,}25$ ________

e) $\sin \alpha = -0{,}25$ ________

f) $\sin \alpha = 2$ ________

3. Berechne mit dem Taschenrechner die Sinuswerte der folgenden Winkel, runde auf Tausendstel genau.

a) sin 34° = ________

b) sin 340° = ________

c) sin 123° = ________

d) sin 328° = ________

e) sin 234,8° = ________

f) sin 206° = ________

g) sin 146° = ________

h) sin 200° = ________

i) sin 57° = ________

4. Bestimme mithilfe des Taschenrechners **alle** Winkel im Intervall $0° \leq \alpha \leq 360°$, für die gilt:

a) $\sin \alpha = 0{,}34$ ________

b) $\sin \alpha = 0{,}563$ ________

c) $\sin \alpha = 0{,}97$ ________

d) $\sin \alpha = 1{,}4$ ________

e) $\sin \alpha = -0{,}46$ ________

f) $\sin \alpha = -0{,}32$ ________

Bogenmaß eines Winkels

1. Verbinde die Winkel, die denselben Punkt auf dem Einheitskreis beschreiben.

45° | 135° | 225° | –360° | 425° | –105°

495° | 1 665° | 765° | 975° | 785° | 720°

2. Wie sind folgende Winkel entstanden? Gib dies in der Form $\alpha + n \cdot 360°$ an. Dabei soll gelten $0° \leq \alpha < 360°$.

a) 600° = ______________ **d)** 1 100° = ______________

b) 730° = ______________ **e)** –720° = ______________

c) 950° = ______________ **f)** –1 000° = ______________

3. Ergänze die Tabelle. Schreibe x als Vielfache von π. Nutze die Hilfe.

a) (Hilfe: :2 von einer Zeile zur nächsten, auf beiden Seiten)

Gradmaß α	Bogenmaß x
180°	π
90°	
45°	
	$\frac{3}{4}\pi$
225°	
	$\frac{7}{4}\pi$

b)

Gradmaß α	Bogenmaß x
180°	π
	2π
	$\frac{\pi}{3}$
30°	
120°	
270°	

4. Ergänze die Tabelle, runde x auf Hundertstel genau.

a)

Gradmaß α	Bogenmaß x
35°	
83°	
146°	
	2,81
180°	
236°	

b)

Gradmaß α	Bogenmaß x
	4,38
307°	
	5,82
415°	
	10,70
1 000°	

5. Es ist ein Winkel von $\frac{\pi}{4}$ gegeben. Welcher der folgenden Winkel beschreibt denselben Punkt auf dem Einheitskreis? Kreuze an.

☐ $\frac{7}{4}\pi$ ☐ $\frac{8}{4}\pi$ ☐ $\frac{9}{4}\pi$ ☐ $\frac{10}{4}\pi$

Die Sinusfunktion

1. a) Lies den Sinus der eingezeichneten Winkel am Einheitskreis ab. Trage die Werte in die Tabelle und das Diagramm ein. Zeichne so den Graphen der Sinusfunktion.

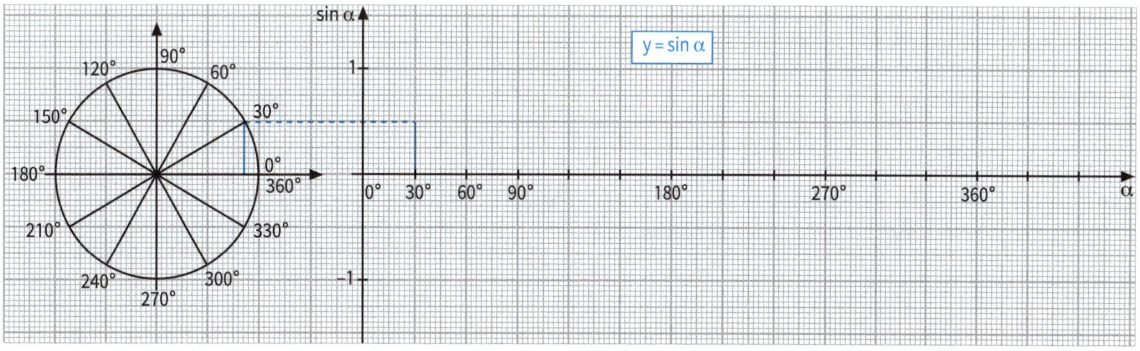

α	0°	30°	60°	90°	120°	150°	180°	210°	240°	270°	300°	330°	360°
sin α	0	0,5											

b) Ergänze die Eigenschaften der Sinusfunktion.

Wertebereich: ________

Periode: ________

größter Funktionswert: ________

kleinster Funktionswert: ________

Intervalle, in denen y = sin α

- fällt: ________
- steigt: ________

Nullstellen (für $0 \leq \alpha \leq 360°$): ________

2. Lies am Graphen ab. Markiere den Sinuswert farbig.

a) sin 270° = −1

b) sin 90° = ________

c) sin 75° = ________

d) sin 330° = ________

e) sin 10° = ________

f) sin 200° = ________

g) sin 290° = ________

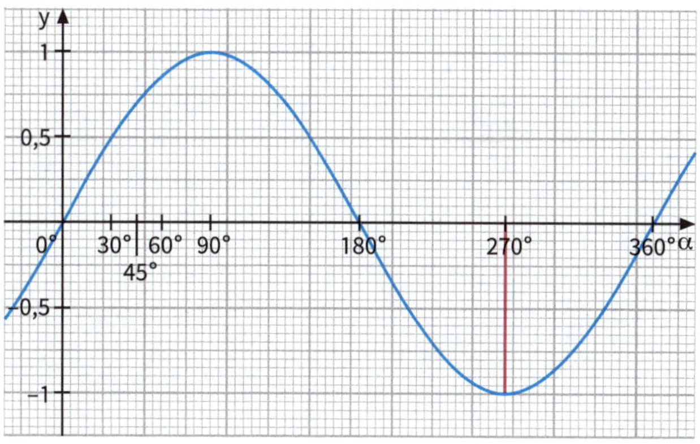

3. Finde den Winkel α_2 ($0 \leq \alpha_2 \leq 360°$), für den gilt: $\sin \alpha_1 = \sin \alpha_2$.

a) $\alpha_1 = 15°$; α_2 = ________

$\alpha_1 = 73°$; α_2 = ________

$\alpha_1 = 28°$; α_2 = ________

$\alpha_1 = 89°$; α_2 = ________

b) $\alpha_1 = 120°$; α_2 = ________

$\alpha_1 = 240°$; α_2 = ________

$\alpha_1 = 135°$; α_2 = ________

$\alpha_1 = 225°$; α_2 = ________

c) $\alpha_1 = 335°$; α_2 = ________

$\alpha_1 = 275°$; α_2 = ________

$\alpha_1 = 300°$; α_2 = ________

$\alpha_1 = 180°$; α_2 = ________

4. Finde die Winkel α_2 ($0 \le \alpha_2 \le 360°$), für die sich dieselben Sinuswerte ergeben wie für den angegebenen Winkel α_1. Markiere die zugehörigen Sinuswerte farbig in der Grafik rechts.

(1) $\alpha_1 = 60°$; $\alpha_2 =$ ____________

(2) $\alpha_1 = 30°$; $\alpha_2 =$ ____________

(3) $\alpha_1 = 225°$; $\alpha_2 =$ ____________

(4) $\alpha_1 = 270°$; $\alpha_2 =$ ____________

(5) $\alpha_1 = 180°$; $\alpha_2 =$ ____________

(6) $\alpha_1 = 75°$; $\alpha_2 =$ ____________

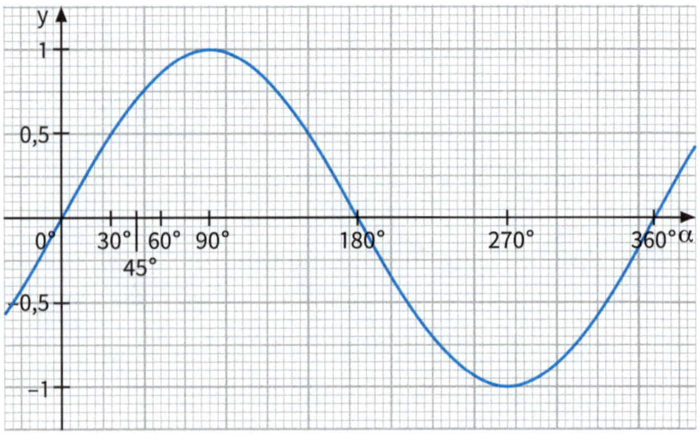

5. Verbinde Winkel mit gleichem Sinuswert.

13° 52° 146° 68° 211° 79° 230° 73°

310° 167° 107° 34° 112° 329° 128° 101°

6. a) Zeichne den Graphen der Funktion $y = \sin x$ im Intervall $-2\pi \le x \le 2\pi$. Teile zuerst die Achsen des Koordinatensystems ein und beschrifte diese entsprechend.

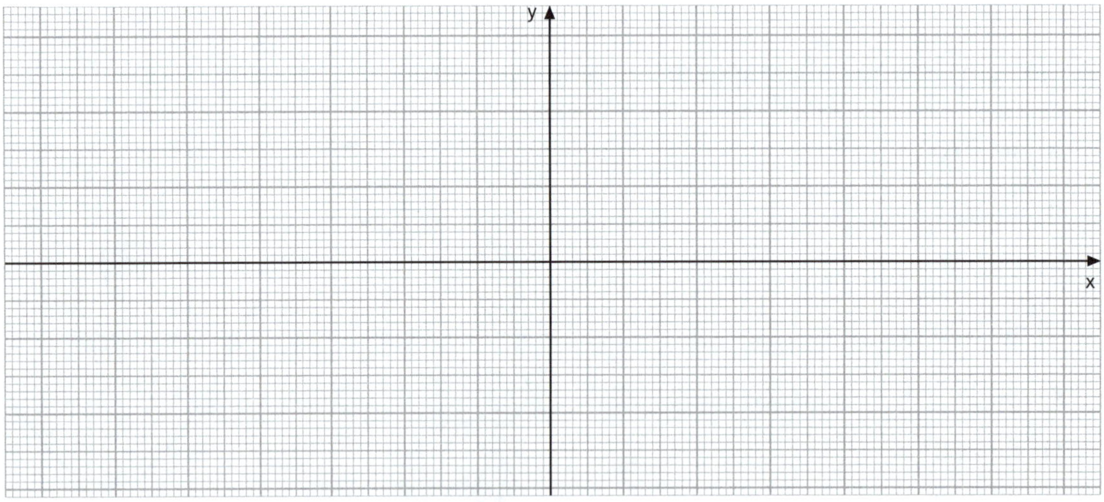

b) Ergänze die Eigenschaften der Sinusfunktion.

Wertebereich: ____________ größter Funktionswert: ____________

Periode: ____________ kleinster Funktionswert: ____________

Intervalle, in denen $y = \sin x$

- fällt: ____________
- steigt: ____________

Nullstellen im Intervall: ____________

7. a) Zeichne die Graphen der Funktionen mit $y = \sin\alpha$, $y = 3 \cdot \sin\alpha$ und $y = \frac{1}{2} \cdot \sin\alpha$ im Intervall $-360° \le \alpha \le 900°$ in ein gemeinsames Koordinatensystem.

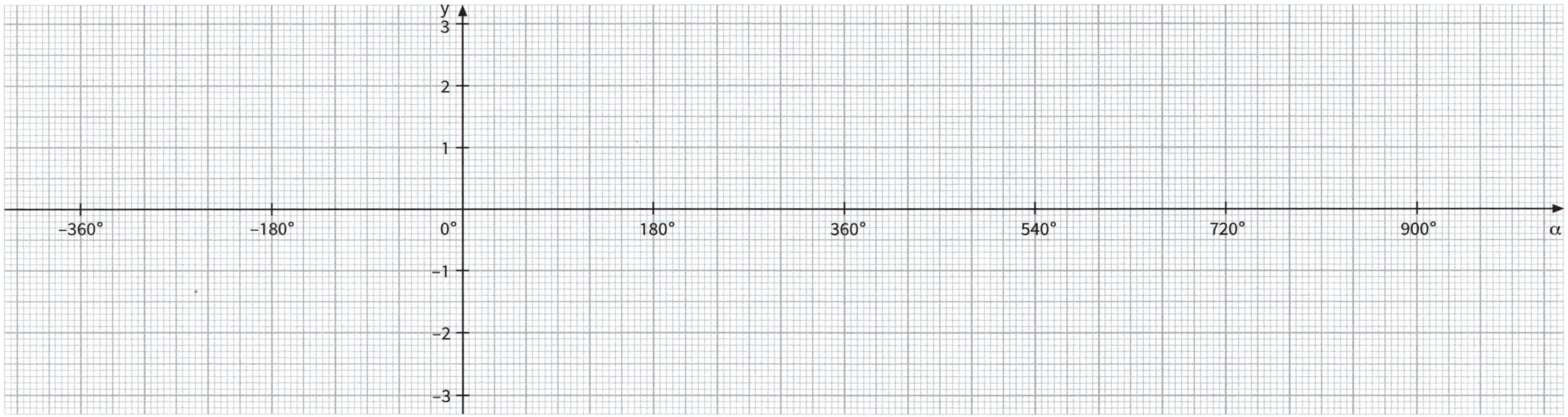

b) Lies aus den Graphen die Eigenschaften ab.

Eigenschaften	$y = \sin\alpha$	$y = 3 \cdot \sin\alpha$	$y = \frac{1}{2} \cdot \sin\alpha$
Definitionsbereich			
Nullstellen			
größter Funktionswert			
kleinster Funktionswert			
Wertebereich			
Periode			

c) Vergleiche die Graphen der Funktionen.

Gemeinsamkeiten: ____________________

Unterschiede: ____________________

6. Aufgaben zur Vorbereitung auf die Abschlussprüfung

Hilfsmittel sind nicht erlaubt

1. Ordne die folgenden Zahlen zu: $\frac{3}{5}$; $-2{,}8$; $-\frac{7}{10}$; $\sqrt{2{,}25}$; $\frac{39}{13}$; $-1\frac{1}{2}$

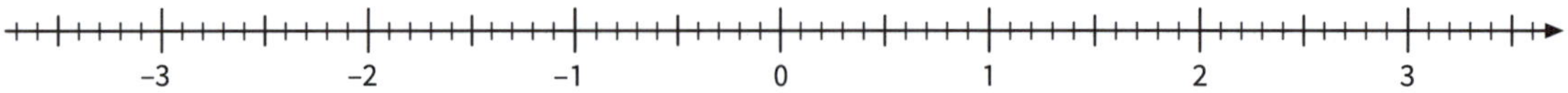

2. Ordne der Größe nach, beginne mit der kleinsten Zahl.

$3{,}75$ $\quad -4{,}6$ $\quad \sqrt{16}$ $\quad \frac{1}{5}$ $\quad \frac{1}{8}$ $\quad -4{,}56$

_____ < _____ < _____ < _____ < _____ < _____

3. Gib mindestens eine Zahl an, die zwischen den beiden vorgegebenen Werten liegt.

a) $2{,}3 < \square < 2{,}4$ **b)** $\frac{2}{4} < \square < \frac{3}{4}$ **c)** $-1{,}6 < \square < -\frac{3}{2}$

4. **a)** Vergleiche.

(1) $3{,}8 \;\square\; -3{,}9$ (3) $\frac{2}{5} \;\square\; \frac{1}{4}$

(2) $-1{,}7 \;\square\; -1{,}4$ (4) $\frac{1}{3} \;\square\; 0{,}3$

b) Berechne. $128{,}6 : 4 =$ _____

5. Wandle in die vorgegebene Einheit um.

a) 3,5 m = _____ cm **e)** 2,7 ha = _____ m^2 **i)** 75 min = _____ h

b) 6,5 cm = _____ m **f)** 1,95 ℓ = _____ dm^3 **j)** $\frac{3}{4}$ h = _____ min

c) 475 g = _____ kg **g)** 4,5 h = _____ min **k)** $\frac{1}{2}$ t = _____ kg

d) 2 kg 13 g = _____ g **h)** 150 s = _____ min **l)** $\frac{1}{4}$ m = _____ cm

6. Berechne.

(1) $35\text{ g} + \frac{1}{5}\text{ kg} - 750\text{ mg}$ (2) $1\frac{3}{4}\text{ h} - 25\text{ min} + 300\text{ s}$

_____ _____

7. Gib vier verschiedene Möglichkeiten für die Seitenlängen eines Rechtecks an, dessen Umfang 48 cm ist.

	1. Rechteck	2. Rechteck	3. Rechteck	4. Rechteck
Länge				
Breite				

8. Berechne die fehlenden Ziffern.

a)
3,45 €
+ 21,99 €
+ ☐☐,☐☐ €
45,72 €

b)
☐4,38 €
− 1☐,9☐ €
36,☐6 €

c)
2☐,9 · ☐,4
☐38
87☐
☐☐,5☐

9. Färbe in jeder Figur 20 %.

a)

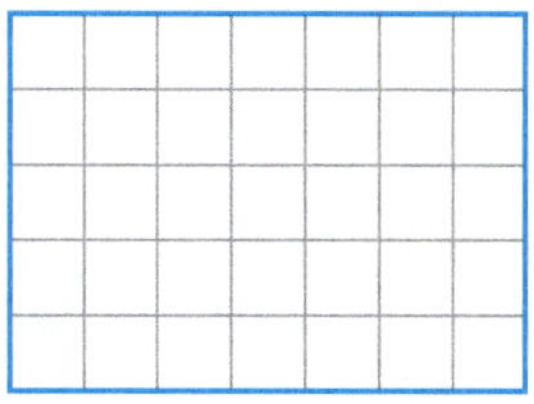

c)

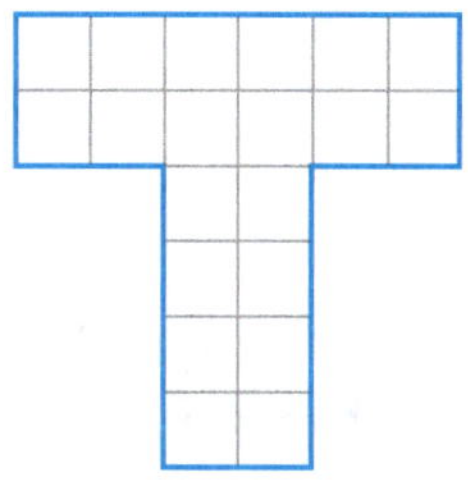

d)

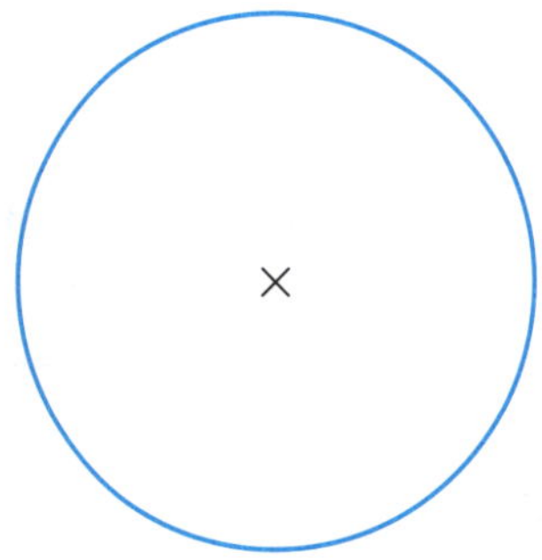

b)

10. Setze Rechenzeichen ein, sodass eine wahre Aussage entsteht.

a) 8 3 4 = 20 **b)** 2 2 2 2 = 3 **c)** 8 3 5 = 23

11. Berechne den Flächeninhalt und gib das Ergebnis in cm^2 an.

a)

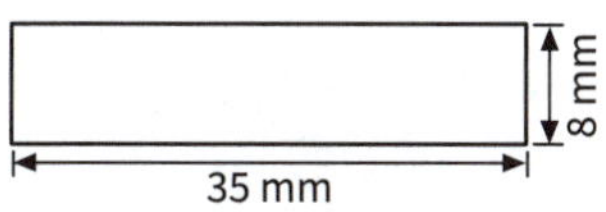

A = ____________

b)

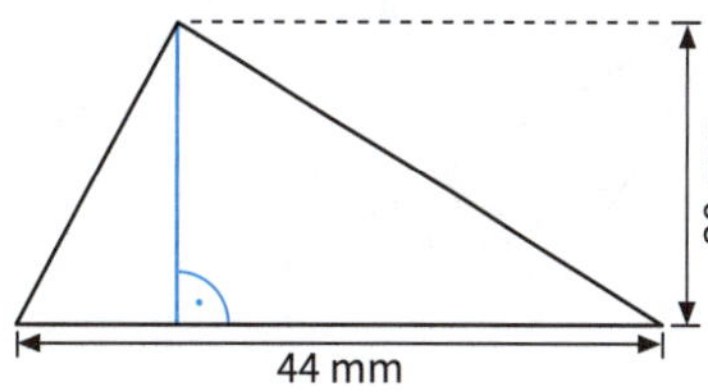

A = ____________

c)

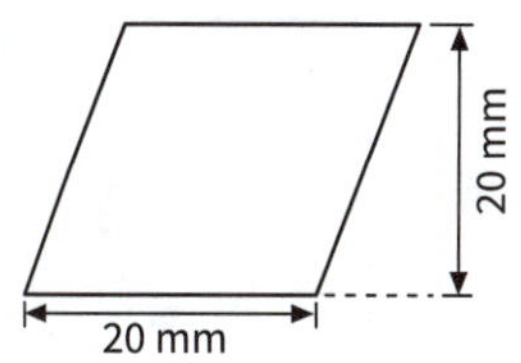

A = ____________

12. Wie viel Prozent des Rechtecks sind gefärbt?

a)

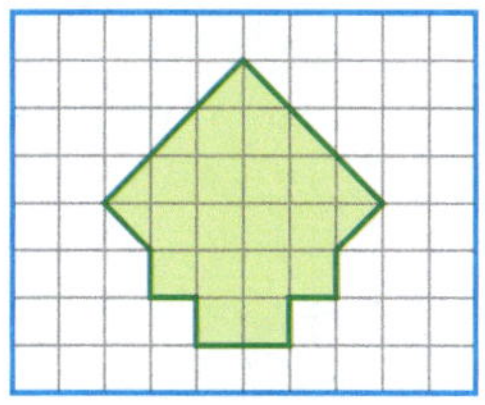

________ %

b)

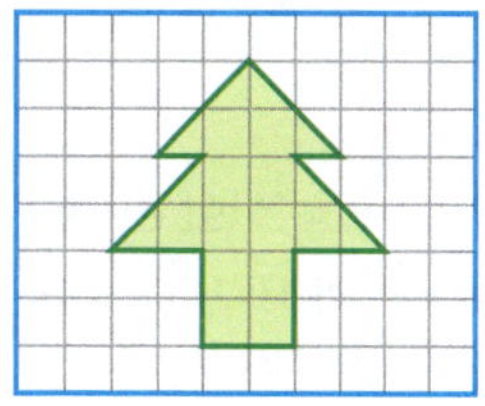

________ %

13. Berechne die rot gekennzeichneten Stücke.

a)

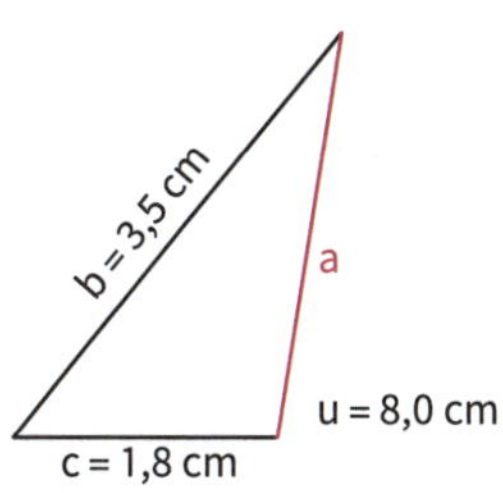

a = ________

b)

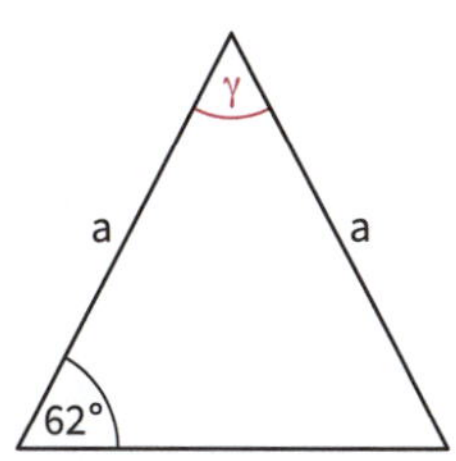

γ = ________

c)

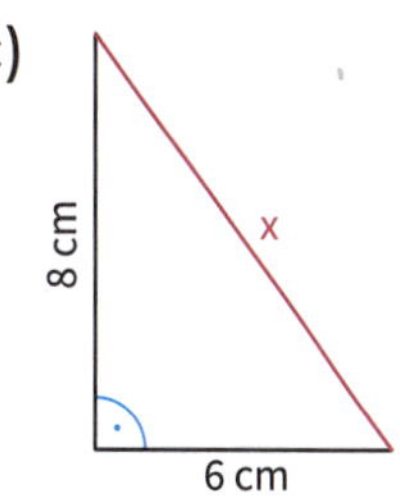

x = ________

d)

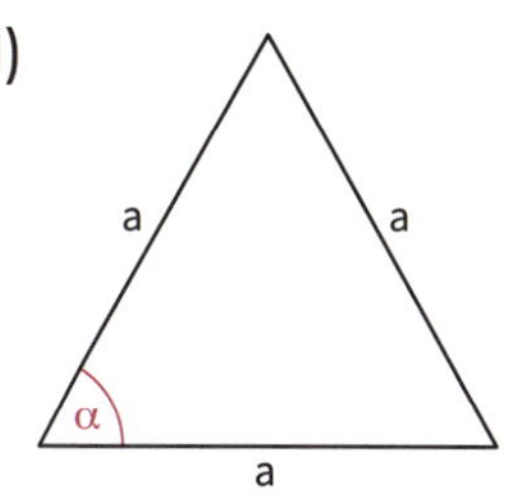

α = ________

14. Stelle die Formeln nach den auf dem gelben Zettel angegebenen Größen um.

(1) $v = \frac{s}{t}$ (s) ____________ (t) ____________

(2) $V = \frac{1}{3}\pi r^2 h$ (r) ____________

(3) $c^2 = a^2 + b^2$ (a) ____________

(4) $A = \frac{a+c}{2} \cdot h$ (h) ____________

(5) $\frac{\sin\alpha}{a} = \frac{\sin\beta}{b}$ (b) ____________ (sin β) ____________

15. Ordne die Seiten a, b, c vom Dreieck ABC der Größe nach.

(1) $a = 8{,}5$ cm; $b = 5{,}9$ cm; $\gamma = 100°$

(2) $\alpha = 57°$; $\beta = 83°$

16. Gib jeweils eine Formel für den Flächeninhalt an.

(1)
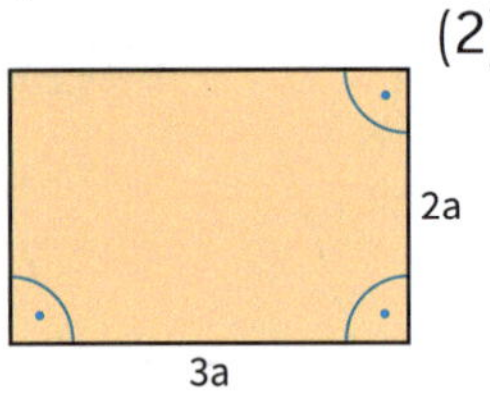

(2)
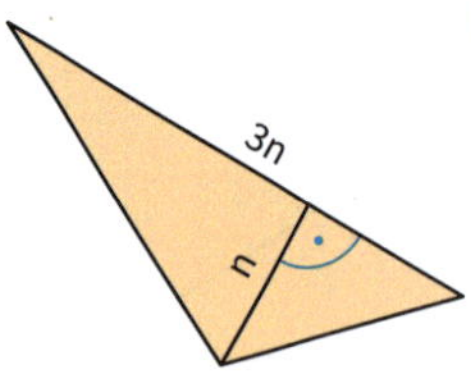

(3)
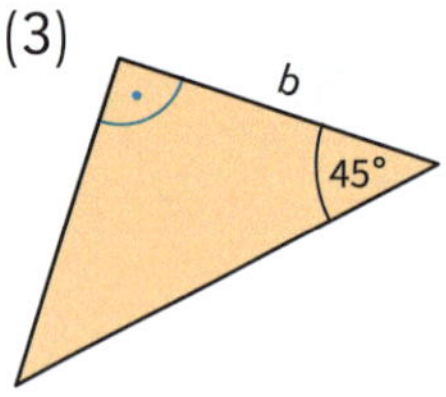

(4)
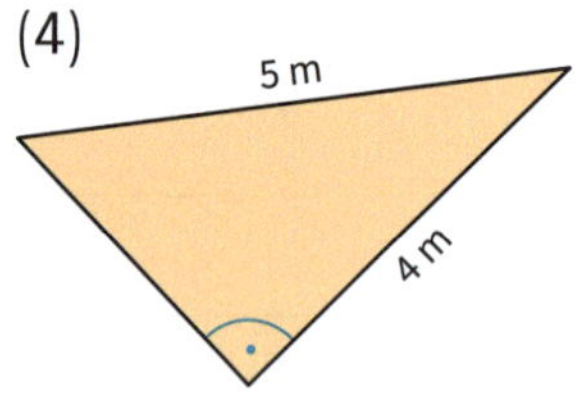

17. Welche Zahl ist Lösung der Gleichung $4(3x - 1) = 3x - 22$? Kreuze an.

☐ $x = 1$ ☐ $x = 2$ ☐ $x = 3$ ☐ $x = -2$

18. Durch die Gleichung $x + y = 3$ ist eine Funktion gegeben. Zeichne den Graphen in ein Koordinatensystem. Gib die Nullstelle an. Kontrolliere sie durch eine Rechnung.

Hilfsmittel sind erlaubt

1. Berechne die durchschnittliche Masse von

$1\frac{1}{2}$ kg; 925 g; 0,87 kg; 1 kg 25 g; $\frac{3}{4}$ kg.

2. Ergänze die Tabelle für die unterschiedlichen Maßstabsangaben.

Maßstab	1:10	1:25	1:75	1:500	1:10000	1:200000
Länge in der Abbildung (in cm)	5	15			7	
Länge in der Wirklichkeit (in cm)				2500		800000
Länge in der Wirklichkeit (in m)			7,5			

3. Ergänze.

	(1)	(2)	(3)	(4)	(5)	(6)	(7)
Grundwert	250 kg		72 km	180 ℓ	28 g		20 €
Prozentsatz	20 %	10 %		3 %		75 %	119 %
Prozentwert		7 t	18 km		1,4 g	21 km²	

4. „Das Dreieck ABC ist gleichschenklig."
Begründe, dass diese Aussage wahr ist.

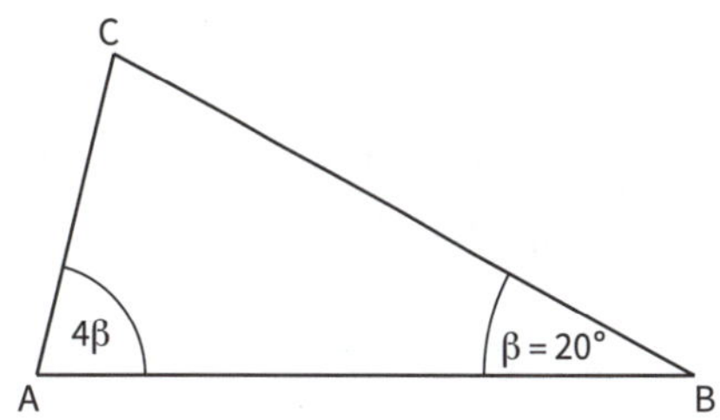

5. Die Differenz aus dem Dreifachen einer Zahl und der Summe aus 4,5 und der unbekannten Zahl ist 17,5.
Wie heißt die gesuchte Zahl?

6. Drehe jedes Glücksrad einmal. Mit welcher Wahrscheinlichkeit wird die „5" angezeigt?

(1)

(2)

(3)

7. Bestimme die Lösung.

(1) $5x + 12 = 4 - 3x$ (2) $4(5 - 2y) = (y - 2) \cdot 2$

8. Wahr oder falsch? Kreuze an. Gegeben ist die quadratische Funktion mit der Gleichung $y = f(x) = x^2 + 2$.

	wahr	*falsch*
(1) Der Graph der Funktion ist fallend.	☐	☐
(2) Er schneidet die y-Achse bei 2.	☐	☐
(3) Der Wertebereich der Funktion f ist $y \geq 2$; $y \in \mathbb{R}$	☐	☐
(4) Die Funktion hat die Nullstelle $x_0 = -2$.	☐	☐

9. Markiere das richtige Ergebnis. Rechne im Kopf.

(1) $\sqrt[3]{343}$	3	4	7	9	6
(2) $10^3 \cdot 10^2$	100	100000	1000	10	10000
(3) 3^5	324	53	15	243	35
(4) 20 % von 1 500	150	30	215	300	75
(5) $\sqrt{0{,}01}$	0,01	0,001	2	0,1	1

10. Welcher Zahlenwert wird in der Zelle C3 angezeigt?

____

	A	B	C
1	7	5	= A1+B1
2	36	0,4	= A2*B2
3			= C2–C1

11. Welcher der Punkte A (–3|1), B (–1|–1), C (0|2) liegt auf dem Graphen der jeweiligen Funktion?

(1) $y = \frac{1}{3}x + 2$; ________ (2) $y = x^3$; ________ (3) $y = x^2 + 4x + 2$; ________

12. Berechne im Dreieck ABC die gesuchte Größe.

(1) a = 4,0 cm; b = 6,0 cm; γ = 25°		c =
(2) a = 20,2 m; c = 15,1 m; β = 103°		b =
(3) a = 11 m; b = 9 m; c = 7 m		α =
(4) a = 2,3 m; b = 3,4 m; c = 4,5 m		β =

Übungen zu verschiedenen Bereichen

Terme, Gleichungen und Gleichungssysteme

1. Vereinfache.

a) $-3{,}4a + 1{,}3a - 0{,}9a =$ ____________

$8b - 12a + 5a - 11b =$ ____________

$\frac{4}{5}r + \frac{7}{8}s + \frac{3}{4}s + \frac{5}{2}r =$ ____________

b) $4\frac{1}{3}u + \frac{3}{4}v + \frac{2}{3}v - 2\frac{5}{6}u =$ ____________

$7{,}3r^2 - 11{,}4r^2 - 6{,}7r^2 =$ ____________

$\frac{11}{4}ab^2 + \frac{3}{8}ab^2 - \frac{51}{16}ab^2 =$ ____________

2. a) $12{,}3a^2b - 7{,}5cd^2 + 19{,}4cd^2 - 8{,}4a^2b =$ ____________

b) $2{,}3ab - 1{,}5y^2 + 0{,}5cd - 7{,}7ab - 3y^2 =$ ____________

c) $-\frac{1}{5}z^2 + \frac{3}{8}xy + \frac{5}{3}z^2 - \frac{4}{3}xy =$ ____________

3. a) $-(4x + 0{,}7) + 7x(4{,}2 - 3{,}5) =$ ____________

b) $(12{,}2y + 3) \cdot 4 - (9{,}1 - 7y) \cdot 5 =$ ____________

c) $\frac{1}{6}\left(\frac{9}{12}x - \frac{6}{7}\right) - 2x - \frac{1}{9}\left(\frac{9}{8}x - 18\right) =$ ____________

4. a) $(8u - 4v)(11v - 12u) =$ ____________

b) $\left(\frac{1}{2}x - \frac{3}{2}y\right)\left(\frac{5}{4}x + \frac{3}{4}y\right) =$ ____________

c) $(15x - 20y)^2 =$ ____________

5. $A = x + 7$ $B = 3x - 4$ $C = -2x + 9$

a) $A + B - C =$ ____________

b) $3A + 6B =$ ____________

6. Löse die Gleichungen.

a) $5 \cdot (13x - 5) + 21 = (3 + 8x) \cdot 8$ *Probe:*

b) $(x + 6)(x + 2) = x^2 + 7x + 15$ *Probe:*

7. Löse das lineare Gleichungssystem grafisch. Bestätige dein Ergebnis danach rechnerisch.

a) $\left| \begin{array}{l} y = 2x + 1 \\ y = 7x - 1{,}5 \end{array} \right|$

b) $\left| \begin{array}{r} -6x - 3y = -6 \\ y = 2x - 6 \end{array} \right| \longrightarrow \left| \quad \right|$

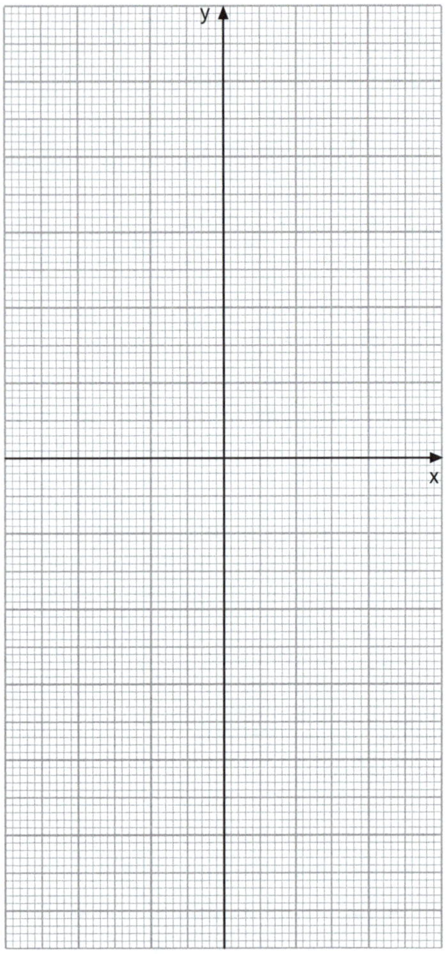

8. Löse die quadratische Gleichung im Kopf.

a) $x^2 = 81$ **b)** $x^2 = 3600$ **c)** $2x^2 = 2{,}88$ **d)** $x^2 - 0{,}14 = 0{,}11$

$x_1 =$ ___ $x_2 =$ ___ ______ ______ ______

9. **a)** $x\,(x + 6) = 0$ **b)** $(x - 7)\,x = 0$ **c)** $(x + 1{,}5)(x - 9) = 0$ **d)** $(x - 1)(x - 2) = 0$

$x_1 =$ ___ $x_2 =$ ___ ______ ______ ______

10. Löse die quadratische Gleichung mithilfe der Lösungsformel.

a) $x^2 + 2x - 8 = 0$ **b)** $x^2 + x - 2 = 0$ **c)** $x^2 - 8x + 16 = 0$

______ ______ ______

______ ______ ______

______ ______ ______

Zuordnungen und Funktionen

1. Tim misst Spannung und Stromstärke an einem elektrischen Widerstand aus Konstantan. Ergänze die Tabelle. Beachte, dass hierbei das Ohm'sche Gesetz gilt.

U (in V)	1,4	2,1	2,8	3,5	4,9	7,0	8,5	10,0	11,3
I (in A)	0,050								

2. Im Stadtzentrum soll eine Tiefgarage entstehen. Um den dabei anfallenden Aushub abzutransportieren, setzt die Baufirma gleich große Lkw ein. Ergänze die Tabelle.

Anzahl Lkw	1	2	3	4	5	6	10	12	15
Fahrten je Lkw			60						

3. Wenn man eine Honigmelone in 8 gleich große Stücke zerteilt, wiegt jedes Stück 300 g.
Wie viel Gramm wiegt jedes Stück, wenn man die Honigmelone in 12 gleich große Stücke zerteilt?

4. Zeichne die Graphen der Funktionen.

a) $y = 1{,}5x$

b) $y = -2x - 1$

c) $y = x^2 + 0{,}5$

d) $y = 4{,}2$

e) $y = (x + 1{,}5)^2$

f) $y = (x - 2)^2 - 3{,}5$

5. Gib für den Graphen die Funktionsgleichung an. Ergänze die Koordinaten der zugehörigen Punkte.

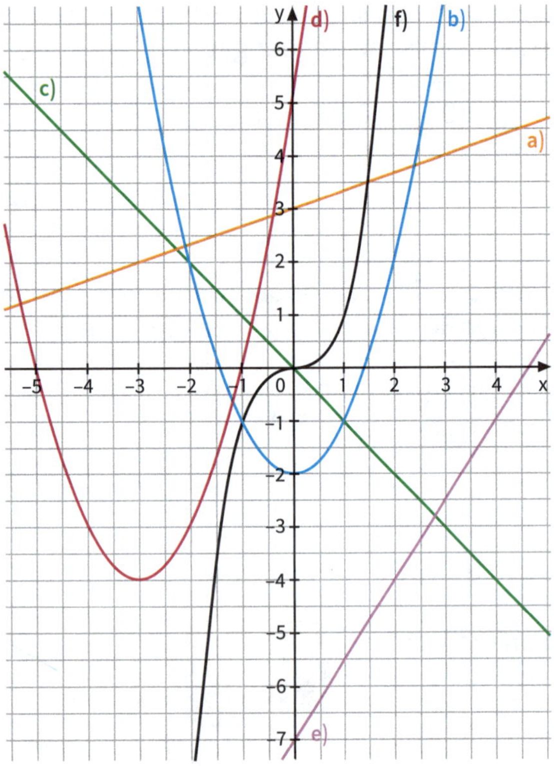

Graph	Funktionsgleichung	Punkt
a)		A (3 |) B (12 |)
b)		C (−2 |) D (5 |)
c)		E (| −3) F (20 |)
d)		G (−5 |) H (0 |)
e)		I (0 |) K (| 8)
f)		L (−1 |) M (| 27)

6. Gib an, durch welche Quadranten der Graph verläuft, ohne ihn zu zeichnen.

	$y = 3x - 6$	$y = x^2 - 6$	$y = (x + 5)^2 + 5$	$y = x^3$	$y = x^{-2}$
Quadranten					

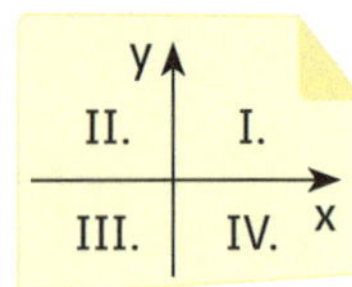

7. Gegeben sind die Funktionen $y = f(x) = x^2 - 2x - 2{,}5$ und $y = g(x) = -x - 0{,}5$.

a) Zeichne die Graphen der Funktionen f und g.

b) Gib die Nullstellen beider Funktionen an.

____

c) A und B sind die Schnittpunkte beider Graphen. Lies deren Koordinaten ab.

A (|)   B (|)

d) Überprüfe die Schnittpunktkoordinaten von A und B rechnerisch.

Prozent- und Zinsrechnung

1. Rechne im Kopf.

Grundwert	500	360	64			68	7500		90
Prozentsatz	50 %	10 %		3 %	25 %		40 %	$33\frac{1}{3}$ %	99 %
Prozentwert			16	21	520	51		0,5	

2. a) Der Computerservice H&C führt eine Aktionswoche durch. Ergänze die Übersicht.

Computer	alter Preis	Rabatt	Einsparung	neuer Preis
Familien-PC	900 €	5 %		
Büro-PC		10 %	130 €	
Heimcomputer			140 €	560 €
Notebook	1 600 €			1 360 €

b) Familie Beger kauft einen Familien-PC und ein Notebook. Wie viel Prozent des ursprünglichen Preises hat sie insgesamt zu bezahlen?
Rechnung:

Antwort: ____________________

3. Die 48 Schüler der Klassen 10a und 10b wurden befragt, in wie vielen Arbeitsgemeinschaften bzw. Vereinen sie mitarbeiten.

Mitgliedschaft	keine	eine	zwei	drei oder mehr
Schüler	12	20	11	5

Stelle das Ergebnis der Befragung in einem Kreis- und einem Streifendiagramm dar.

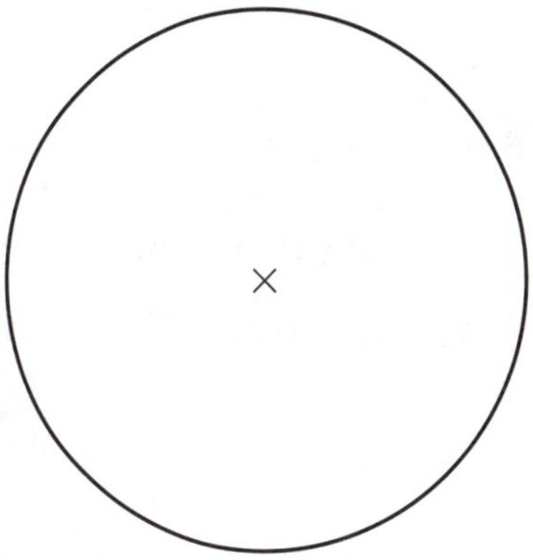

4. Schinken verringert seine Masse beim Räuchern um 8 %. Wie schwer war ein 5 kg-Räucherschinken ursprünglich?
Rechnung:

Antwort: ____________________

5. Ein Handwerksmeister erhöht den Lohn seines Lehrlings von 380 € auf 406,60 €. Gib die Lohnerhöhung in Prozent an.
Rechnung:

Antwort: ____________________

6. Ergänze.

a) Anlagebetrag 2000 €

Zinssatz	1 %	0,5 %	0,25 %	1,75 %	2 %	2,1 %
Zinsen						

b) Anlagebetrag 4500 €

Zinssatz	1 %	0,5 %			2,2 %	
Zinsen			9,00 €	67,50 €		13,50 €

7. Ergänze die Tabelle.

a)

Kapital	300 €	4000 €	1500 €	2400 €		
Zinssatz	0,5 %	1,3 %			1,5 %	2,8 %
Jahreszinsen			30 €	42 €	60 €	980 €

b)

Bankjahr: 360 Tage

Kapital	450 €	660 €	1200 €	8000 €	5000 €	
Anlagezeit	$\frac{1}{2}$ Jahr	$\frac{1}{4}$ Jahr	150 Tage	10 Tage	5 Monate	11 Monate
Zinssatz	0,8 %	0,5 %	1,2 %	1,4 %	2,1 %	3,0 %
Zinsen						99,00 €

8. Felix legt 3800 € für sechs Jahre an. Der Zinssatz beträgt im ersten Jahr 0,2 %, im zweiten Jahr 0,5 %, im dritten Jahr 0,8 % und im vierten Jahr 1,1 %. In den darauffolgenden Jahren zahlt die Bank einen Zinssatz von je 1,4 %.

a) Ermittle mithilfe der Tabelle sein Guthaben nach 6 Jahren.

Jahr	Kapital am Jahresanfang	Zinssatz	Jahreszinsen	Guthaben am Jahresende

Antwort: ______________________________

b) Welchen durchschnittlichen Zinssatz erhält Felix?
Rechnung:

Antwort: ______________________________

Darstellung und Berechnung von Flächen und Körpern

1. Konstruiere die Figur.

a) Dreieck ABC
$c = 5{,}8$ cm; $\alpha = 20°$; $\beta = 80°$

b) Parallelogramm ABCD
$a = 6$ cm; $b = 3{,}5$ cm; $\alpha = 45°$

2. Berechne die Winkel.

a)

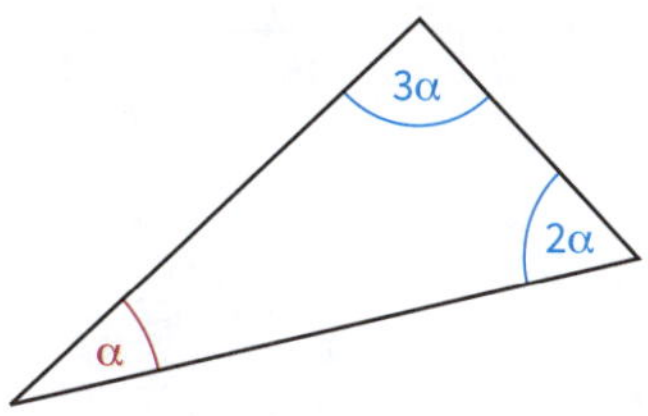

$\alpha =$ ______

b)

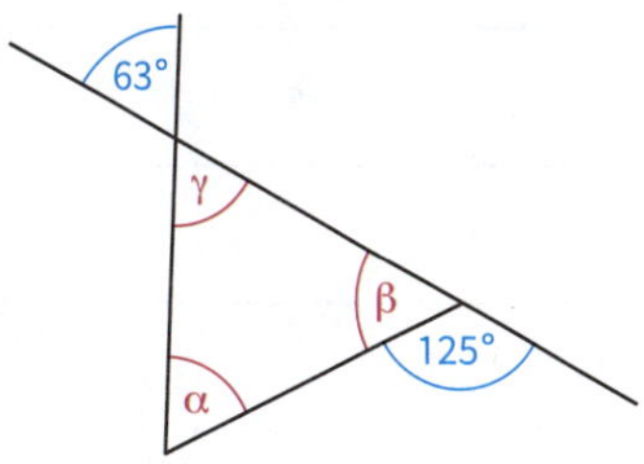

$\alpha =$ ______ $\beta =$ ______ $\gamma =$ ______

3. Berechne den Umfang und den Flächeninhalt.

a)

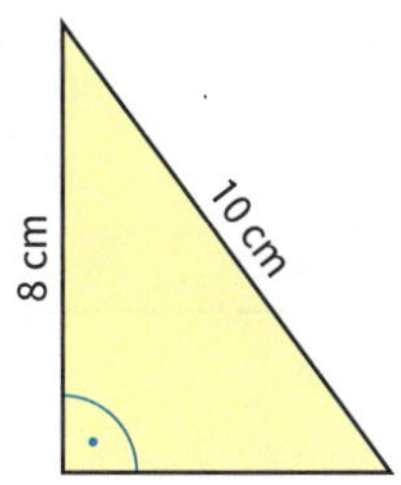

b)

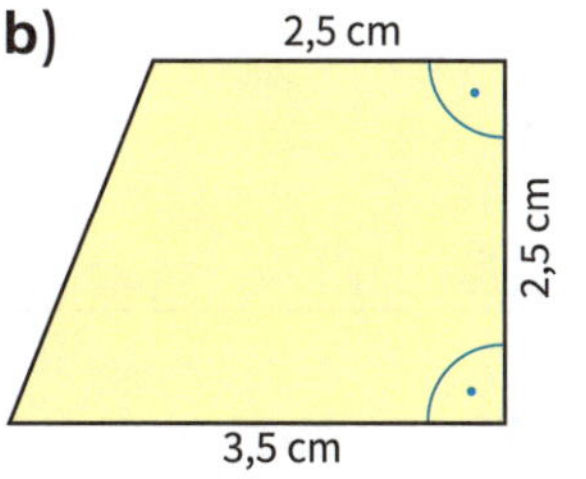

c)

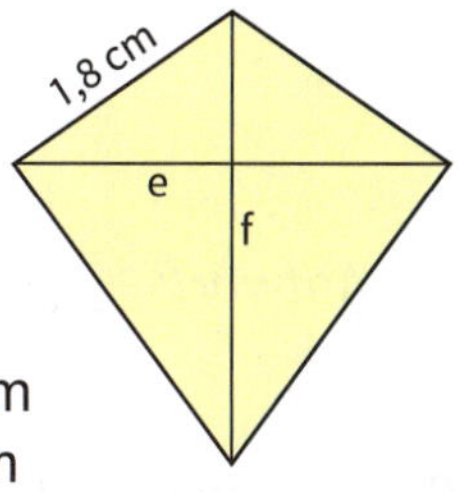

$e = 3{,}0$ cm
$f = 3{,}0$ cm

4. a) Zeichne ein Zweitafelbild des Prismas. *Zweitafelbild:*

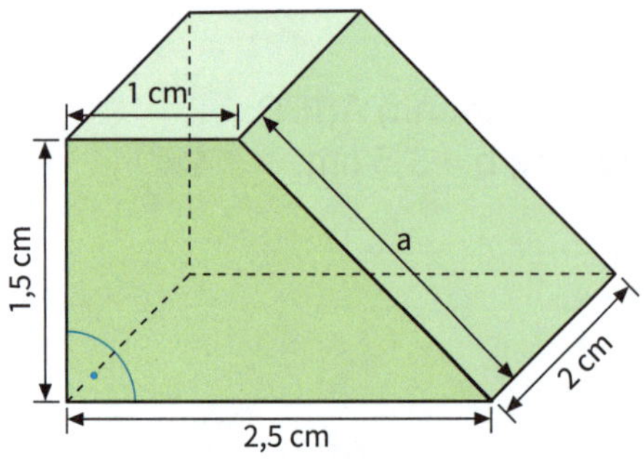

________________ Rissachse

b) Berechne die Länge der Kante a.

$a^2 =$ ________________

$a =$ ________________

c) Berechne Volumen und Oberflächeninhalt.

$A_G =$ ________________

$V =$ ________________

$A_M =$ ________________

$A_O =$ ________________

ρ = Dichte
m = ρ · V

d) Das Prisma wird aus Bronze gegossen ($\rho = 8{,}7\,\frac{g}{cm^3}$). Welche Masse hat es?

m = ________________

m = ________________

5. Ein pyramidenförmiges Dach mit quadratischer Grundfläche (a = 6,50 m) ist 7,90 m hoch. Das Dach soll mit Kunstschiefer gedeckt werden. 1 m^2 kostet 66 €. Berechne die Kosten.

Skizze: *Rechnung:*

Antwort: ________________________________

6. Berechne Volumen, Mantel- und Oberflächeninhalt des Kegels.

a) r = 19 mm; h = 82 mm; s = 84,2 mm **b)** d = 6,4 m; h = 18,6 m

Vermischte Übungen zu Körpern

1. Ein zylindrischer Behälter mit den Maßen d = 1,8 m und h = 2,4 m aus Blech ist oben offen.

Skizze:

a) Berechne den Blechbedarf.

Antwort: ______________________________

b) Berechne das Volumen.

Antwort: ______________________________

2. Ein Fußball hat den Durchmesser d = 24 cm. Wie viel cm^2 Leder werden verarbeitet, wenn für den Verschnitt 20 % gerechnet werden?

Rechnung:

Antwort: ______________________________

3. Neben einer Landstraße wird ein Entwässerungsgraben angelegt. 616 m^3 Erde werden abtransportiert. Wie lang ist der Graben?

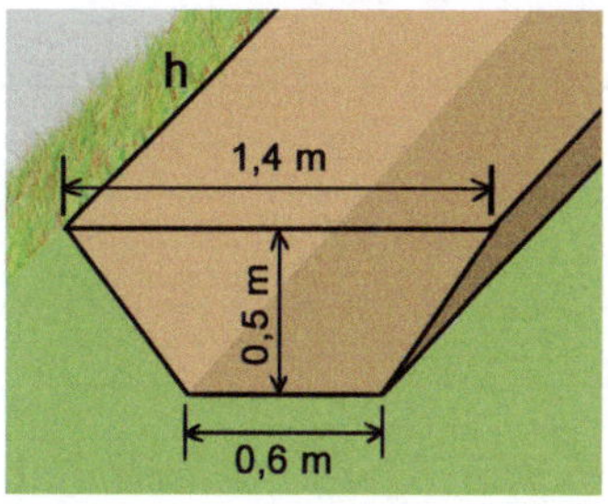

Rechnung:

Antwort: ______________________________

4. Ein zylinderförmiger Eimer mit dem Durchmesser d = 13,4 cm und der Körperhöhe h = 18 cm soll 2,5 Liter Farbe enthalten. Überprüfe diese Angabe.

Rechnung:

Antwort: ______________________________

5. **a)** Wie schwer ist der Körper aus Stahl?

b) Zeichne ein Zweitafelbild in einem geeigneten Maßstab im Heft. (Maße in der Zeichnung in mm).

(1)

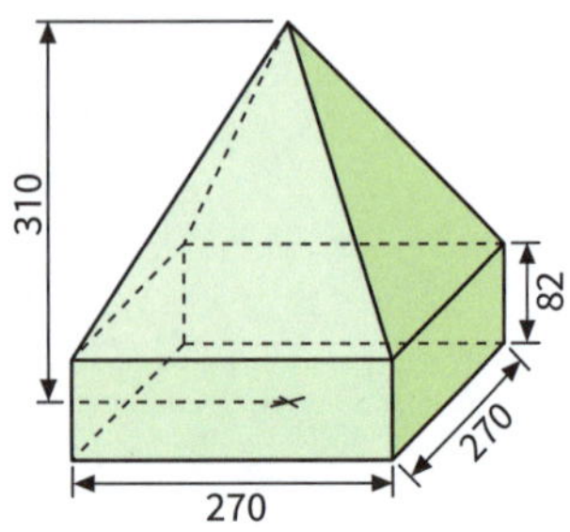

(2)

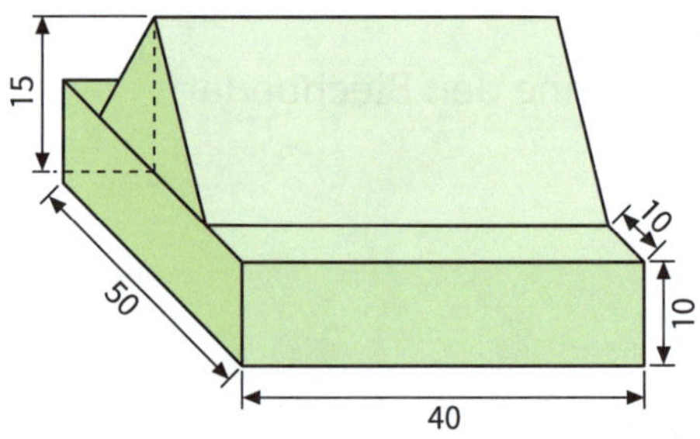

6. **a)** Berechne das Volumen des Körpers in dm^3.

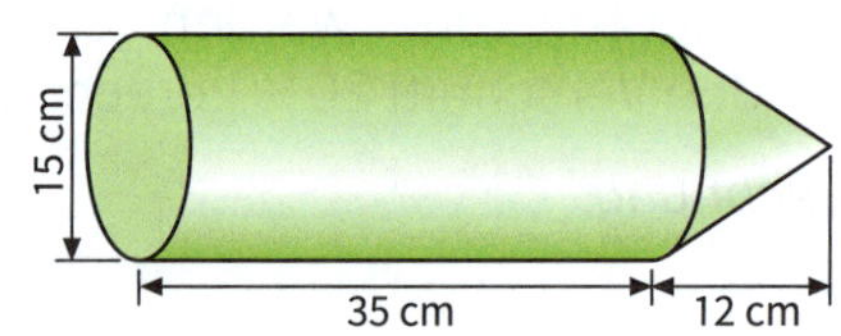

b) Bestimme auch den Oberflächeninhalt.

7. Aus einem Würfel wird, wie im Schrägbild dargestellt, ein Kegel herausgefräst.

a) Zeichne ein Zweitafelbild des Körpers.

Zweitafelbild:

b) Berechne das Volumen des Restkörpers.

$V_{Würfel}$ = ____________________

V_{Kegel} = ____________________

$V_{Restkörper}$ = ____________________

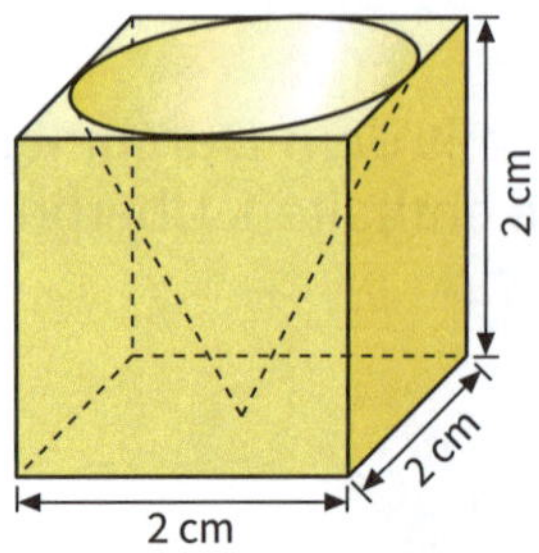

8. In den Skizzen sind Werkstücke aus Stahl dargestellt.

(1) 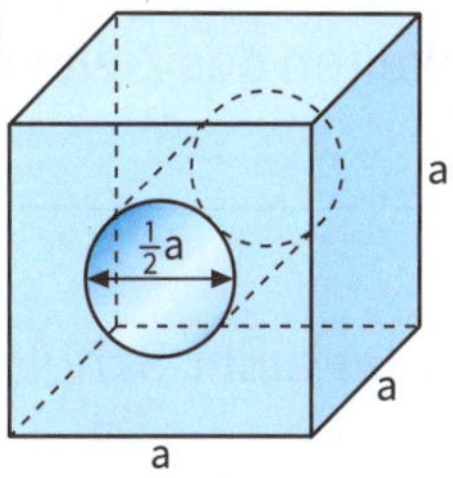

a = 3 cm

(2) 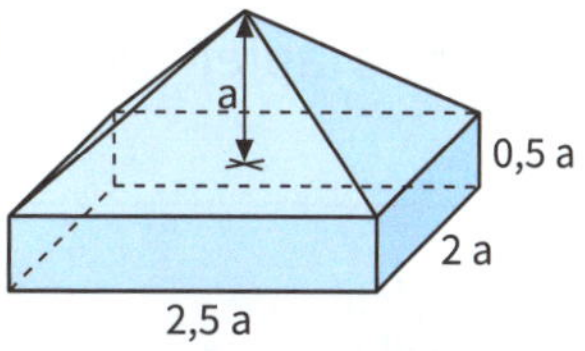

a = 2 cm

a) Zeichne jeweils das Schrägbild des Werkstücks.

(1) Schrägbild: *(2) Schrägbild:*

b) Wie schwer ist das Werkstück, wenn 1 cm³ Stahl eine Masse von 7,8 g hat?

(1) ____________________ (2) ____________________

9. a) Bei einer quadratischen Pyramide beträgt die Länge der Grundkante a = 14,7 cm und die Körperhöhe h = 20,4 cm.

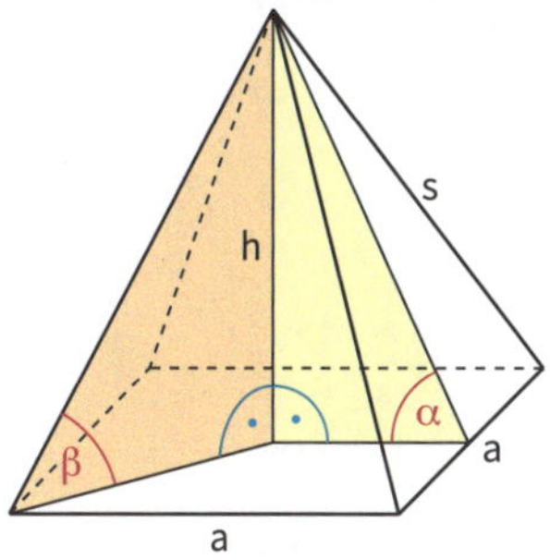

(1) Wie groß ist der Neigungswinkel α einer Seitenfläche?

____

(2) Wie groß ist der Neigungswinkel β einer Seitenkante?

____

(3) Wie groß ist das Volumen der Pyramide?

____

b) Bei einem Kegel beträgt der Grundkreisradius r = 3,6 cm und die Körperhöhe h = 2,9 cm.

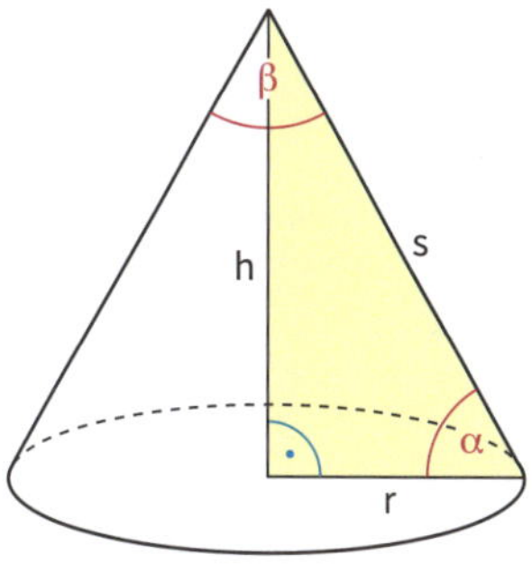

(1) Wie groß ist der Neigungswinkel α?

____

(2) Wie groß ist der Öffnungswinkel β?

____

(3) Wie groß ist das Volumen des Kegels?

____

Stochastik

1. Fanny, Henning und Linda laufen um die Wette. Notiere alle Möglichkeiten des Zieleinlaufs.

____

2. Im Rahmen eines Projekttages wurden die Schülerinnen und Schüler einer Schule zu ihren Haustieren befragt.

a) Ergänze die Tabelle.

Haustier	absolute Häufigkeit H (A)	relative Häufigkeit h (A)	Winkel
Hund		0,10	
Katze	45		
Fische	18		
Vogel	86		
andere	12		
keine	55		

b) Stelle die relativen Häufigkeiten in einem Kreisdiagramm dar.

3. Eine Firma stellt Tassen mit Motiven her. Bevor die Tassen in den Handel gelangen, werden sie zweifach getestet. Dabei bestehen erfahrungsgemäß $\frac{3}{4}$ der Tassen den Formtest und $\frac{9}{10}$ den Oberflächentest.

a) Zeichne ein Baumdiagramm und schreibe die Wahrscheinlichkeiten an die Äste.

b) Berechne die Wahrscheinlichkeit für eine 1. Wahl-Tasse (beide Tests bestanden).

Antwort: ____

c) Berechne die Wahrscheinlichkeit für eine 2. Wahl-Tasse (genau einen Test bestanden).

Antwort: ____

d) Wie viel Prozent der Tassen sind Ausschuss (keinen Test bestanden)?

Antwort: ____

Genau eine Antwort ist richtig! (1)

Genau eine Antwort ist jeweils richtig.
Die richtigen Buchstaben ergeben in der Reihenfolge der Aufgaben ein Lösungswort.

Aufgabe				
Welche Strecke ist die kürzeste?	0,005 m P	0,5 dm O	50 cm S	5000 m T
Welche Zeitdauer ist die längste?	$\frac{1}{2}$ Tag N	11 h E	800 min O	36000 s N
Wenn vorgestern Freitag war, dann ist morgen …	Dienstag R	Sonntag O	Montag S	Mittwoch E
Eine Jacke kostet 180 €. Wird der Preis um 20 % gesenkt, so kostet sie …	132 € S	144 € T	160 € A	162 € B
Kosten 100 g Salami 0,98 €, dann kosten 250 g …	1,47 € B	1,96 € A	2,25 € N	2,45 € K
Frau Fay hat im Keller 18 kg Äpfel. Für einen Kuchen holt sie sich etwa 1 000 g herauf. Das ist rund …	$\frac{1}{5}$ M	$\frac{1}{10}$ A	$\frac{1}{20}$ U	$\frac{1}{50}$ T
Ein Auszubildender bekommt jetzt monatlich 609 € statt bisher 580 €. Die Erhöhung beträgt …	4 % E	5 % T	29 % U	31 % I
Kuno sieht bei einem Blick in den Spiegel die Wanduhr. Wie spät ist es? 	16:45 Uhr M	16:15 Uhr O	18:45 Uhr S	18:15 Uhr T
Janek fährt mit dem Moped 18 min bis zu seiner Baustelle. Wie lange würde er dafür bei doppelter Geschwindigkeit benötigen?	9 min C	18 min H	27 min O	36 min R
Wie viele kleine Holzwürfel sind mindestens noch einzubauen, bis der große Würfel fertig ist? 	27 R	18 U	9 H	6 E
Das Volumen eines Zylinders wird berechnet mit …	$\pi \cdot d^2 \cdot h$ S	$\pi \cdot r^2 \cdot h$ E	$\pi \cdot d \cdot h$ I	$\pi \cdot r \cdot h$ L
Welcher Term gehört nicht zur markierten Fläche? 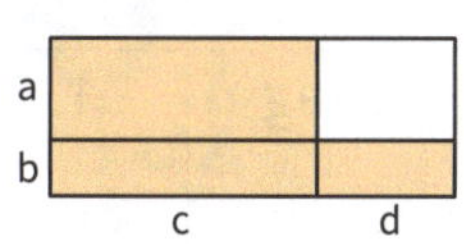	$c \cdot (a + b) + b \cdot d$ B	$a \cdot c + b \cdot (c + d)$ E	$a \cdot (c + d) + b \cdot (c + d)$ R	$a \cdot c + b \cdot c + b \cdot d$ N

Lösung:

Genau eine Antwort ist richtig! (2)

Genau eine Antwort ist jeweils richtig.
Die richtigen Buchstaben ergeben in der Reihenfolge der Aufgaben ein Lösungswort.

Fünf Männer brauchen zwei Stunden, um einen Berg zu besteigen. Dann brauchen zehn Frauen ...	zwei Stunden W	eine Stunde E	vier Stunden I	drei Stunden N
Der sechste Buchstabe von hinten ist im deutschen Alphabet von vorn der ...	19. F	21. E	18. I	26. N
3 % von 400 m sind ...	3 m K	4 m A	12 m R	24 m O
Im Stadtpark hat das 14 m lange und 42 m^2 große rechteckige Sommerblumenbeet einen Umfang von ...	23 m A	34 m K	45 m T	65 m E
Um eine 2 m lange Leiste in 20 cm lange Stücke zu zersägen, braucht man wie viele Schnitte?	elf U	zehn N	neun Z	acht E
Welche Zahl ergänzt die Folge? 1 2 6 15 31 ...	63 K	56 E	47 I	40 L
Chris ist langsamer als Nele. Nele ist schneller als Nick. John ist langsamer als Chris. Jonas ist schneller als Nele. Am schnellsten ist also ...	John S	Nele T	Chris A	Jonas U
Stadt : Land = Ufer : ?	Dorf I	Fluss G	Kontinent E	Elbe L
In einem Käse sind 60 % Fett. Dann sind in zwei Käse ... Fett.	60 % F	120 % L	30 % O	12 % H
Welches Bild setzt die Reihe fort? 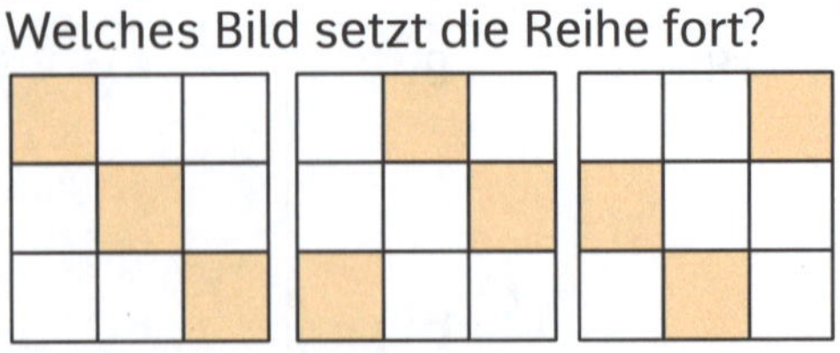	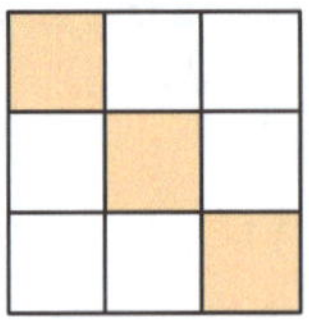 A	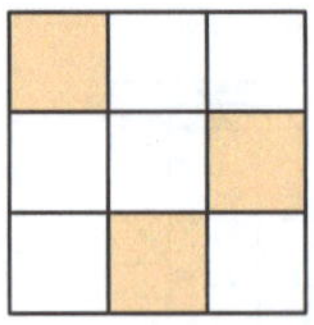 U	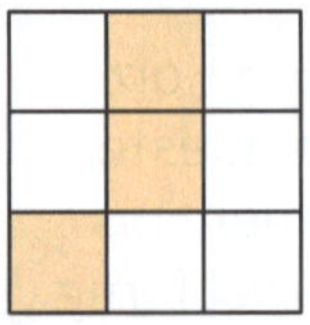 T	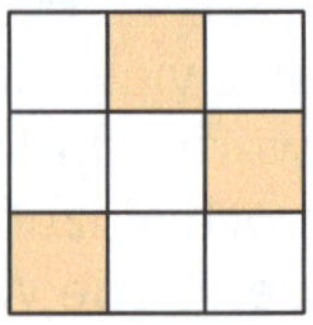 O
Du überholst beim Crosslauf den zweitplatzierten Läufer. Leider überholen dich dann noch zwei Sportler. Also wirst du ...	Dritter D	Zweiter A	Vierter C	Fünfter H
Eine Schnecke sitzt in einem 10 m tiefen Loch. Am Tag klettert sie 3 m nach oben. Nachts rutscht sie wieder 2 m herunter. Befreit hat sie sich am ...	10. Tag L	11. Tag O	1. Tag C	8. Tag H

Lösung:

westermann

SACHSEN-ANHALT

Mathematik heute 10

ARBEITSHEFT

INHALTSVERZEICHNIS

Lösungen zum Arbeitsheft 9

Diagramme – Wertetabellen – Graphen

1 1. a) Die meisten Besucher kommen am Samstag.
b) Die Anzahl der Besucher lag zwischen 145 und 278.
c) Insgesamt kamen 1320 Besucher, durchschnittlich 220 pro Tag.

2. a)

Zeit (s)	Höhe (mm)
10	15
20	30
30	45
40	60

b) 1,5 mm pro Sekunde

c)

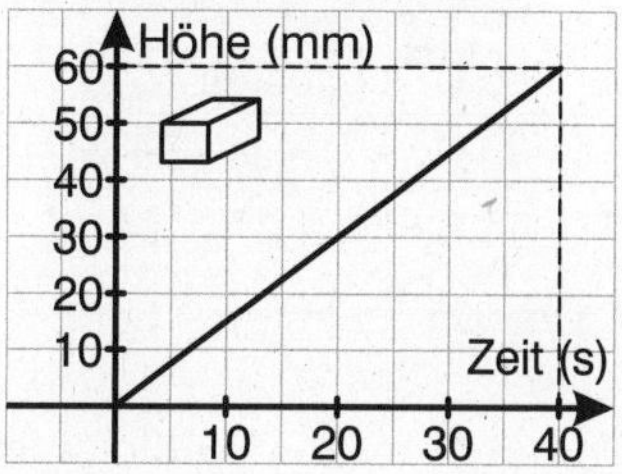

d)

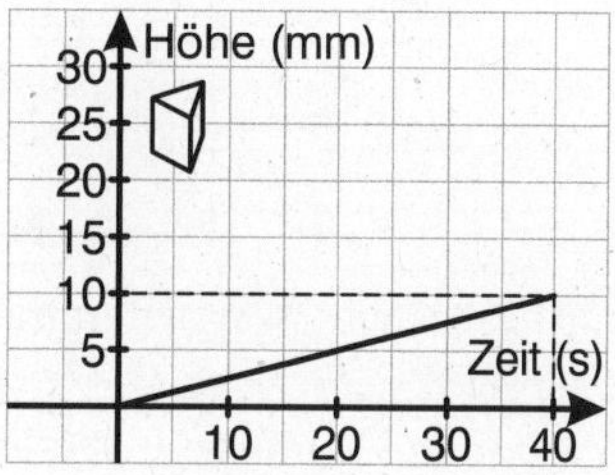

e) Kurve (2)

3.

Anzahl Songs	1	2	4	6	8	10
Preis	1,10 €	2,20 €	4,40 €	5,94 €	7,92 €	9,90 €

Teilen und Mischen

2 1. (1) zusammen 10 €
(2) Anteil Tim: 5 €, entspricht 50 %; Anteile Tom und John: je 2,50 €, entspricht je 25 %.
(3) Tim erhält 10000 €; Tom und John erhalten je 5000 €.

2. a) A: 16666,67 €; B: 333333,33 €; C: 50000,00 €
b) A: 2500 €; B: 3500 €; C: 4000 €
c) A: 250000 €; B: 333333,33 €; C: 416666,67 €

3. a) 40 % b) 9 l Wasser c) 4 l Kirschsaft; 10 l Fruchtgetränk

Lineare Funktionen – Sachsituationen

3

1. a) am 1. Mai 2000: 5,00 €
   b) monatliches Taschengeld steigt pro Jahr um 1,50 €.
   c)

Jahr	Betrag
1998	2,00 €
2000	5,00 €
2002	8,00 €
2004	11,00 €
2006	14,00 €

Jahr	Betrag
2008	17,00 €
2010	20,00 €
2012	23,00 €
2014	26,00 €

2. hier ohne Zeichnung, siehe Tabelle zu 1 c)

3. a) 60 €
   b)

	Betrag
Anfangs	50 €
Nach 2 Wochen	55 €
Nach 4 Wochen	60 €
Nach 6 Wochen	65 €
Nach 8 Wochen	70 €
Nach 10 Wochen	75 €

	Betrag
Nach 12 Wochen	80 €
Nach 14 Wochen	85 €
Nach 16 Wochen	90 €
Nach 18 Wochen	95 €
Nach 20 Wochen	100 €

   c) Nach 20 Wochen hat sie genau 100 € gespart.

4. ohne Zeichnung; alle Punkte liegen auf einer Geraden (Gleichung: $y = 50 + 2{,}5x$)

5. a)

Nach … Wochen	10	12	14	16	18	20
Sparbetrag	90 €	95 €	100 €	105 €	110 €	115 €

   Ausgehend vom neuen „Startbetrag“ 90 € nach 10 Wochen kommt in jeder Woche wieder der gleiche Betrag dazu; die zugehörigen Punkte liegen auch auf einer Geraden.
   b) Sparbetrag = $2{,}5 \cdot x + 15$

6. Kosten für 100 km: Benzin 12,00 €; Gas 6,40 €. Ersparnis: 5,60 € pro 100 km.
   Ersparnis bei 40 000 km: 2 240 €, das ist noch weniger als der Preis für die Umrüstung.
   Bei den gegebenen Daten hat sich die Umrüstung nach ca. 44 700 km Fahrleistung bezahlt gemacht.

Proportionale Zuordnung – Dreisatz

4

1. a)

Anzahl (Getränke)	Preis (€)
1	**1,80**
2	3,60
5	**9,00**
10	**18,00**
20	36,00

b)

Verbrauch (kWh)	Preis (€)
100	21,50
200	**43,00**
400	**86,00**
600	**129,00**
1000	215,00

c)

Arbeits-zeit (h)	Lohn (€)
1	**8,50**
5	**42,50**
10	85,00
15	**127,50**
20	**170,00**

d)

Weg (km)	Zeit (min)
2	**6**
6	**18**
8	**24**
10	30
15	45

4 2. a) Grundgebühr: Gerade (3)
Preis pro km: Gerade (2)
Gesamtpreis: Gerade (1)
b) Bus: Gerade (4); Pkw: Gerade (3); Motorrad: Gerade (1)

3. a), b)

Zeit	Entfernung von Ardorf	
	Sascha	Márton
10:00	0 km	30 km
10:10	2,5 km	27 km
10:20	5,0 km	**24 km**
10:30	**7,5 km**	**21 km**
10:40	**10,0 km**	**18 km**
10:50	**12,5 km**	**15 km**
11:00	**15,0 km**	**12 km**

c)–d) Sie treffen sich um ca. 10:55 Uhr, 13,6 km von Ardorf entfernt.

Rechnen mit Kopf und Taschenrechner

5 1. a) 49 b) 64 c) 81 d) 32 e) $\frac{1}{16}$ f) 0,0001

2. $81 = 3^4 = 81^1 = 9^2$
$256 = 2^8 = 16^2 = 4^4$
$625 = 5^4 = 25^2 = 5 \cdot 5^3$

3. a) $7^3 = 343$ b) $0{,}2^5 = 0{,}00032$ c) $(\frac{1}{3})^4 = \frac{1}{81}$

4. a) $3^9 = 19\,683$; $9^3 = 729$ b) $6^5 = 7\,776$; $5^6 = 15\,625$
c) $11^3 = 1\,331$; $3^{11} = 177\,147$ d) $0{,}99^3 = 0{,}970299$; $9{,}9^3 = 970{,}299$
e) $1{,}3^4 = 2{,}8561$; $13^4 = 28\,561$ f) $12^4 = 20\,736$; $1{,}2^4 = 2{,}0736$

5. a) 20 b) 100 c) 1844 d) 64 e) 27 f) 1
Lösungswort: Bochum

Zehnerpotenzen und Überschlagsrechnen mit großen Zahlen

6 1.

	Zahl	Zehnerpotenz	In Worten
a)	10	10^1	**Zehn**
b)	**1000**	$\mathbf{10^3}$	Eintausend
c)	**1000000**	10^6	**Eine Million**
d)	1000000000	$\mathbf{10^9}$	**Eine Milliarde**
e)	**1000000000000**	$\mathbf{10^{12}}$	Eine Billion

6

2. a) $5000 = 5 \cdot 10^3$ b) $12000000 = 1{,}2 \cdot 10^{10}$
c) $320000000000 = 3{,}2 \cdot 10^{11}$ d) $1300 = 1{,}3 \cdot 10^3$
e) $7500000 = 7{,}5 \cdot 10^6$ f) $1020000 = 1{,}02 \cdot 10^6$

3. $10 \xrightarrow{\cdot 10^2} \mathbf{10^3} \xrightarrow{\cdot 10^3} \mathbf{10^6} \xrightarrow{\mathbf{\cdot 10^2}} 10^8 \xrightarrow{\mathbf{\cdot 10^4}} 10^{12}$

4. a) 10^6 b) 10^{11} c) 10^7 d) 10^4 e) 10^{10} f) 10^9
Lösungswort: Saturn

5. a) 6000000000 T b) 8000000000 A c) 3600000 U
d) 60000000000 C e) $21 \cdot 10^5$ H f) $121 \cdot 10^5$ E g) $64 \cdot 10^{11}$ N
Lösungswort: Tauchen

Kleine Zahlen – Standardschreibweise

7

1.

Zehnerpotenz	10^{-3}	10^{-2}	10^{-5}	10^0	10^{-6}	10^{-7}	10^{-8}
Bruch	$\frac{1}{1000}$	$\frac{1}{100}$	$\frac{1}{100000}$	1	$\frac{1}{1000000}$	$\frac{1}{10000000}$	$\frac{1}{100000000}$
Dezimalbruch	0,001	0,01	0,00001	1	0,000001	0,0000001	0,00000001

2. Erdradius: 6378 km;
Entfernung Erde – Mond: 384000 km;
1 Lichtjahr: 9461000000000 km
Atomdurchmesser: 0,0000000001 m
Dicke eines Mikrochips: 0,00002 m

3. a) $6{,}3 \cdot 10^7$ b) $7{,}3 \cdot 10^{-6}$ c) $5{,}264 \cdot 10^4$ d) $6{,}7342 \cdot 10^{-3}$ e) $1{,}00001 \cdot 10^8$
f) $1{,}234 \cdot 10^{-1}$ g) $6{,}34 \cdot 10^9$ h) $2{,}5 \cdot 10^{-4}$ i) $1{,}2 \cdot 10^{-11}$

4. a) $0{,}9^{258} = 1{,}57 \cdot 10^{-12}$; $5^{20} = 9{,}54 \cdot 10^{13}$; $1{,}2^{222} = 3{,}79 \cdot 10^{17}$, also
$0{,}9^{258} < 5^{20} < 1{,}2^{222}$
b) $7^{-12} = 7{,}22 \cdot 10^{-11}$; $3^{29} = 6{,}86 \cdot 10^{13}$; $0{,}05^{-20} = 1{,}05 \cdot 10^{26}$, also
$7^{-12} < 3^{29} < 0{,}05^{-20}$

5.

Sprinter	$1 \cdot 10^1 \frac{m}{s}$
Schnecke	$2 \cdot 10^{-4} \frac{m}{s}$
Licht	$3 \cdot 10^8 \frac{m}{s}$
Wachstum Fingernagel	$1 \cdot 10^{-9} \frac{m}{s}$
Fußgänger	$1{,}5 \cdot 10^0 \frac{m}{s}$
Flugzeug	$2{,}5 \cdot 10^2 \frac{m}{s}$

Übrig bleibt $5 \cdot 10^3 \frac{m}{s}$.

6. 140 Personen (Rechnung: $14 \cdot 10^{12} : 10^{11} = 140$)

Quadratwurzeln

8 1. a) 7   b) 5   c) 12   d) 20   e) 13   f) 19
g) $\frac{1}{2}$ h) $\frac{1}{9}$ i) $\frac{3}{4}$ j) $\frac{6}{5}$ k) $\frac{8}{11}$ l) $\frac{7}{10}$

2. a) a = 8 cm; u = 32 cm   b) a = 9 m; u = 36 m   c) a = 11 mm; u = 44 mm
d) a = 1,5 km; u = 6 km   e) a = 1,2 m; u = 4,8 m

3. a) 1,41   b) 3,16   c) 9,95   d) 14,90
e) 2,28   f) 4,22   g) 0,32   h) 10,54

4. a) $6 < \sqrt{40} < 7$; übrig bleibt: 5 S
b) $9 < \sqrt{90} < 10$; übrig bleibt: 8 C
c) $4 < \sqrt{20} < 5$; übrig bleibt: 6 H
d) $10 < \sqrt{120} < 11$; übrig bleibt: 12 W
e) $13 < \sqrt{180} < 14$; übrig bleibt: 12 A
f) $17 < \sqrt{290} < 18$; übrig bleibt: 16 N   Lösungswort: Schwan

5. Seitenlänge: a = 11,5 m; Zaunlänge: 34,5 m; Kosten: 79,35 €

Flächen- und Volumenberechnung

9 1. a) a = 4 cm; b = 1 cm; A = 4 cm²; Seitenlänge Quadrat: a = 2 cm
b) a = 4,5 cm; b = 2 cm; A = 9 cm²; Seitenlänge Quadrat: a = 3 cm
c) a = 5 cm; b = 3,2 cm; A = 16 cm²; Seitenlänge Quadrat: a = 4 cm

2. a) A = 81 m²; Seitenlänge Quadrat: a = 9 m
b) A = 225 cm²; Seitenlänge Quadrat: a = 15 cm
c) A = 324 mm²; Seitenlänge Quadrat: a = 18 mm
d) A = 174,24 m²; Seitenlänge Quadrat: a = 13,2 m

3.

Kantenlänge	**5 m**	**3 m**	**9 dm**	**8 cm**	**15 m**	**6 dm**	**10 m**
Oberfläche	**150 m²**	54 cm²	486 dm²	**384 cm²**	1 350 m²	**216 dm²**	**600 m²**
Volumen	125 m³	**27 m³**	**729 dm³**	512 cm³	**3 375 m³**	216 dm³	1 000 m³

4. a) Kantenlänge a = 2 m; Drahtlänge $l = 12 \cdot 2$ m = 24 m
b) Seitenfläche: A = 4 m²; Oberfläche: O = 24 m²

Satz des Pythagoras in ebenen Figuren

10 1.

	Hypotenuse	Kathete	Kathete
a)	**20**	12	16
b)	**21,4**	17	13
c)	26	**10**	24
d)	39	**15**	36

	Hypotenuse	Kathete	Kathete
e)	5,2	**3,9**	3,4
f)	15	9	**12**
g)	20	10	**17,3**

2. a) x = 2,56 cm ≈ 2,6 cm b) x = 9,66 cm ≈ 9,7 cm
   c) x = 31,75 cm ≈ 31,8 cm d) x = 29,97 cm ≈ 30,0 cm

3. a) d = 2,8 cm b) d = 3,4 cm

Satz des Pythagoras im Raum

11 1. h = 3,88 m

2. a)

r	4 cm	**6,2 dm**	1,56 m
h	12 cm	6,1 dm	**2,85 m**
s	**12,6 cm**	8,7 dm	3,25 m

b)

a	8 cm	**19,6 mm**	6,2 dm	**4,22 m**
h	12 cm	23 mm	**7,3 dm**	**3,54 m**
h_s	**12,65 cm**	25 mm	**7,9 dm**	4,12 m
s	**13,27 cm**	**26,9 mm**	8,5 dm	4,63 m

3. aus $d^2 = a^2 + a^2$; d = 2,83 cm

4. h = 147 m

Lineare Gleichungen mit zwei Variablen

12 1. a) x = 8, y = 3: Bettenzahl 14; x = 12, y = 7: Bettenzahl 26
   b) Term: x + 2y

2. a) 10 Einbett- und 10 Zweibettzimmer sind insgesamt nur 30 Betten.
   b) Möglichkeiten:

Einbett-zimmer	40	38	36	34	32	30	28	26	24	22	20	18	16	14	12	10	8	6	4	2	0
Zweibett-zimmer	0	1	2	3	4	5	6	7	8	9	10	11	12	13	14	15	16	17	18	19	20

   c) Bei gleich vielen Einbett- und Zweibettzimmern ist die Gesamtzahl der Betten durch 3 teilbar; bei 40 Betten können es nicht gleich viele Einbett- und Zweibettzimmer sein.

3. a) 2x + y = 20; (5|0) ist keine Lösung. b) 3x – y = 10; (5|5) ist Lösung.
   c) $x - \frac{1}{2}y = 0$; (5|10) ist Lösung. d) 0,5x – 2y = 0; (10|5) ist keine Lösung.
   e) 10x – 5y = 0; (5|10) ist Lösung.

4. a) x = 3, **y = 11** b) x = 4, **y = 1** c) y = 3, **x = 6**
   d) y = 17, **x = 11** e) x = 8, **y = 14**

12 5. a) $u = 2x + 2y$ b) $u = 4x$ c) $u = 2y + x$

6. a) u = 20 cm: mögliche Lösungen ($x + y = 10$ cm)

x	1 cm	2 cm	2,5 cm	3 cm	4,1 cm	5,3 cm	7,6 cm	8,2 cm	9,8 cm	…
y	9 cm	8 cm	7,5 cm	7 cm	5,9 cm	4,7 cm	2,4 cm	1,8 cm	0,2 cm	

b) u = 50 cm: mögliche Lösungen ($x + y = 25$ cm)

x	1 cm	2 cm	2,5 cm	3 cm	10 cm	11 cm	12,5 cm	13 cm	14,6 cm	…
y	24 cm	23 cm	22,5 cm	22 cm	15 cm	14 cm	12,5 cm	12 cm	10,4 cm	

Zwei Gleichungen mit zwei Variablen

13 1. a) $x = 15$, **$y = 47$** b) $x = -5$, **$y = 7$** c) $x = \frac{1}{2}$, **$y = 18$**
d) $y = 23$, **$x = 3$** e) $y = 0$, **$x = -8{,}5$** f) $y = -7$, **$x = -12$**

2. Hier ohne Zeichnung
a) nach y aufgelöste Gleichungen: (1) $y = 3x - 2$ (2) $y = x + 1$
b) Lösung: $x = 1{,}5$; $y = 2{,}5$

3. a) $x = 5$; $y = 6$ b) $x = -40$; $y = 50$

4. a) $x = 2$; $y = 3$ b) $x = 7{,}5$; $y = 10$

Gleichungen – Sachsituationen

14 1. a) Gewicht Apfel: a; Gewicht Birne: b;
Gleichungen: (1) $2a + b = 340$ (2) $a + 2b = 320$; Lösung: $a = 120$; $b = 100$.
Ein Apfel wiegt 120 g, eine Birne wiegt 100 g.
b) Gewicht Pfirsich: x; Gewicht Pflaume: y;
Gleichungen: (1) $3x + y = 460$ (2) $2x + 2y = 340$; Lösung: $x = 145$; $y = 25$
Ein Pfirsich wiegt 145 g, eine Pflaume wiegt 25 g.

2. a) Ein Elefant wiegt 2400 kg, ein Pferd wiegt 800 kg.
b) Ein Brot kostet 2,10 €.
c) Lohnstufe I: 2500 €; Lohnstufe II: 1800 €

Maßstab

15 1. a) 750 cm = 7,5 m b) 3100 m = 3,1 km c) 52 mm = 5,2 cm d) 700 m = 0,7 km
e) 2 Mio. cm = 20000 m = 20 km f) 500000 cm = 5000 m = 5 km

2.

	a)	b)	c)	d)
Maßstab	1 : 25000	1 : 50000	1 : 200000	1 : 4000000
Länge in der Karte	5 cm	**30 cm**	25 cm	**30 cm**
Länge in Wirklichkeit	**1250 m = 1,25 km**	15 km	**50 km**	1200 km

15 3. a) AB = 3,5 cm; BC = 4,5 cm; CA = 6,0 cm
b) 50000 cm = 500 m = 0,5 km in Wirklichkeit
c) von A über B nach C: 4 km
d) $\frac{4}{5}$ h = 48 min.
e) AC = 3 km, das entspricht 36 min; zusammen mit 30 min. Pause:
48 min + 36 min + 30 min = 114 min = 1 h 54 min.
Der Burgenrundweg dauert (mit 30 min. Pause) weniger als 2 Stunden.

4. a) 1 : 50 b) 1,5 cm c) 6,67 cm

Vergrößern und Verkleinern

16 1. a) nein b) Vergrößerung um Faktor 2 c) Vergrößerung um Faktor 3

2. Figur 1b):

Kleine Figur	u = 6 cm	A = 1,5 cm²
Große Figur	u = 12 cm	A = 6 cm²
Faktor	Für u: 2	Für A: 4 = 2²

Figur 1c):

Kleine Figur	u = 4,4 cm	A = 1 cm²
Große Figur	u = 13,2 cm	A = 9 cm²
Faktor	Für u: 3	Für A: 9 = 3²

3. a) Maßstab 1 : 2; Faktor: 0,5

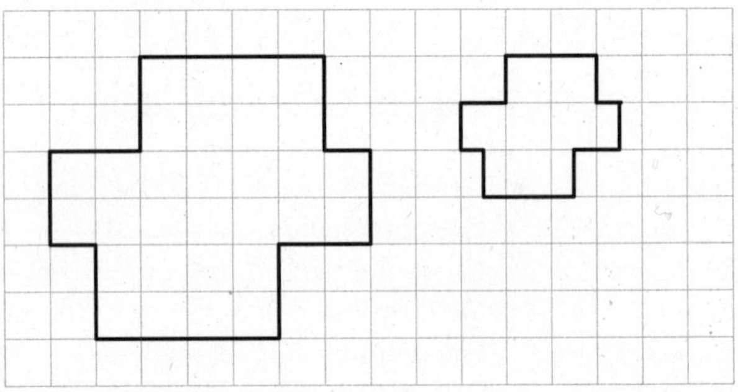

b) Maßstab: 2 : 3; Faktor: $\frac{2}{3} = 0,67$

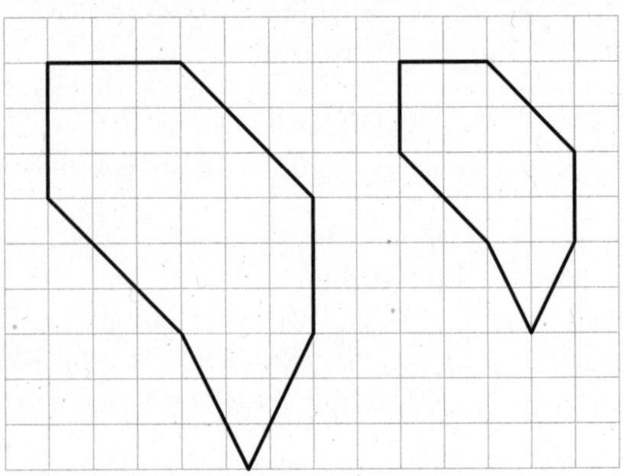

Seitenverhältnisse – Anwendungen

17

1. a) Das Arbeitsheft hat das Format DIN A4. Höhe: **29,7 cm**; Breite: **21,0 cm**
   b) Seitenverhältnis: 1 : 1,41 (genau: 1 : $\sqrt{2}$)
   c) DIN A5: Höhe 21,0 cm; **Breite 14,9 cm**
   d) DIN A3: **Höhe 41,9 cm**; Breite 29,7 cm

2. a) $4:3 \approx 13:10 \quad 4:3 \not\approx 15:10$

   b)

Breite (in cm)	Höhe (in cm)
12	**9**
16	**12**
20	**15**
24	18
28	21
32	24

3. a) 10 : 15 = 2 : 3, also das Format 3 : 2 (Höhe und Breite vertauscht)
   102 : 152 ist nicht Format 2 : 3; 102 mm : 153 mm wäre genau Format 2 : 3.
   b) Breite 25 cm, **Höhe 16,7 cm** c) Höhe 40 cm, **Breite 60 cm**

4.

Breite (cm)	20	30	40	**106,67**	**142,22**	**177,78**
Höhe (cm)	**11,25**	**16,875**	**22,5**	60	80	100

Prozentrechnung – Kopfrechnen

18

1.

Prozentsatz	50 %	75 %	60 %	25 %	5 %	3 %	20 %	30 %
Dezimalzahl	0,5	0,75	0,6	0,25	0,05	0,03	0,2	0,3
Hundertstel-Bruch	$\frac{50}{100}$	$\frac{75}{100}$	$\frac{60}{100}$	$\frac{25}{100}$	$\frac{5}{100}$	$\frac{3}{100}$	$\frac{20}{100}$	$\frac{30}{100}$
Gekürzter Bruch	$\frac{1}{2}$	$\frac{3}{4}$	$\frac{3}{5}$	$\frac{1}{4}$	$\frac{1}{20}$	$\frac{3}{100}$	$\frac{1}{5}$	$\frac{3}{10}$

2. a) 35 € b) 100 kg c) 40 m d) 4 g

3. a) 300 € b) 400 kg c) 2000 m d) 500 g

4. a) 500 € b) 300 kg c) 1000 m d) 500 g

5. a) 5 € b) 6 kg c) 10,80 € d) 800 g

6. a) $\frac{1}{2}$ = 50 % b) $\frac{1}{4}$ = 25 % c) $\frac{3}{4}$ = 75 % d) $\frac{1}{3}$ = 33,3 %

7.

	a)	b)	c)	d)	e)
Anfangswert	2000 €	10400 €	20000000 €	15,50 €	44,80 €
Zuwachs in %	10 %	50 %	100 %	20 %	25 %
Zuwachs in €	200 €	5200 €	20000000 €	3,10 €	11,20 €
Endwert	2200 €	15600 €	40000000 €	18,60 €	56,00 €

Prozent- und Zinsrechnung mit Taschenrechner

19

1. a) W = **31,5 m**; G = 90 m; p % = 35 %
   b) W = 88 m; G = 160 m; **p % = 55 %**
   c) W = 224 m; **G = 280 m**; p % = 80 %

2.

Grundwert	2500 €	3750 €	**90 €**	38,20 m	**14,8 kg**	960 t	**3,2 t**
Prozentsatz	12 %	**8 %**	16 %	**10 %**	85 %	115 %	150 %
Prozentwert	**300 €**	300 €	14,40 €	3,82 m	12,58 kg	**1104 t**	4,8 t

3. Kapital entspricht dem Grundwert.
   Prozentsatz heißt hier Zinssatz.
   Zinsen entsprechen dem Prozentwert.

4. a)

5 %	**3,75 €**
1 %	**0,75 €**
100 %	75 €

b)

12 %	900 €
1 %	**75 €**
100 %	**7500 €**

c)

3,5 %	**22,75 €**
1 %	**6,50 €**
100 %	650 €

d)

2,8 %	3640 €
1 %	**1300 €**
100 %	**130000 €**

5.

Kapital	Zinssatz	Zinsen
1200 €	11 %	132 €
11000 €	3 %	330 €
3600 €	2 %	72 €
1500 €	4 %	60 €
5200 €	12 %	624 €
1800 €	8 %	144 €

Vermehrter und verminderter Grundwert

20

1. Steigerung um 352,50 €; Monatsgehalt am 1. Mai 2012: 2702,50 €

2. a) neuer Preis: 232 €
   b) neuer Preis: 1,668 € ≈ 1,67 €

3. a) neuer Lohn: 1842,30 €
   b) neuer Preis: 246,40 €

4.

Alter Preis	250 €	800 €	1000 €	24000 €
Neuer Preis	300 €	1000 €	1150 €	30000 €
Steigerung in €	50 €	200 €	150 €	6000 €
Steigerung in %	20 %	25 %	15 %	40 %

5. a) um 37,5 % höher, Faktor 1,375
   b) um 60 % niedriger, Faktor 0,4
   c) um 30 % niedriger, Faktor 0,7
   d) um 175 % höher, Faktor 2,75

Vermehrter und verminderter Grundwert – Prozentfaktor

21

1. a) Faktor 1,2 b) Faktor 1,09 c) Faktor 0,7 d) Faktor 0,95

2.

Erhöhung (+) bzw. Verminderung (–) um	+19 %	+110 %	–12 %	–50 %	**+6 %**	**+150 %**	**–11 %**
Prozentfaktor	**1,19**	**2,10**	**0,88**	**0,5**	1,06	2,5	0,89

3. a) Prozentfaktor: 0,85; 59,50 kg
   b) Prozentfaktor: 1,14; 2929,8 l
   c) Prozentfaktor: 1,25; 937599 Einwohner

4. a) 425 € b) 25,44 €; +6 % c) 403 €; +160 %
   d) 66,3 m; –15 % e) 131,25 m; –25 % f) 32,8 m; –92 %
   g) 15 m; –48 % h) 45 €; +35 % i) 670 g; +40 %

Jahreszinsen und Tageszinsen

22

1. a)

Kapital	300 €	600 €	1200 €
Zinssatz	5 %	3 %	4 %
Jahreszinsen	15 €	18 €	48 €
Kapital nach 1 Jahr	315 €	618 €	1248 €

b)

Kapital	345 €	590 €	1210 €
Zinssatz	5 %	3,5 %	3,75 %
Jahreszinsen	17,25 €	20,65 €	45,375 €
Kapital nach 1 Jahr	362,25 €	610,65 €	1255,38 €

2.

	a)		b)		c)	
Kapital	700 €	685,50 €	**800 €**	**826,53 €**	**1000 €**	**985 €**
Zinssatz	4 %	4,1 %	5 %	4,9 %	**5 %**	**4,5 %**
Jahreszinsen	**28 €**	**28,1055 €**	40 €	40,50 €	50 €	44,32 €
Kapital nach 1 Jahr (gerundet)	**728 €**	**713,61 €**	**840 €**	**867,03 €**	1050 €	1029,32 €

3. a) 27 € b) 13 € c) 990 €

4. Z = a) 0,52 € b) 23,87 € c) 364,58 € d) 7500 € e) 763,89 €

Geldwachstum über mehrere Jahre

23

1. (1) Zinsfaktor: 1,05
   (2) nach einem Jahr: 3150 €
   (3) nach zwei Jahren: 3307,50 €
   (4) nach drei Jahren: 3472,88 €

23 2. Zinsfaktor 1,025

Jahr		Kapital
1	Anfang	3 500 €
	Ende	3 587,50 €
2	Anfang	3 587,50 €
	Ende	3 677,19 €
3	Anfang	3 677,19 €
	Ende	3 769,12 €
4	Anfang	3 769,12 €
	Ende	3 863,35 €

3.

	a)	b)	c)	d)	e)
Kapital	4 000 €	250 €	10 000 €	20 000 €	1 000 000 €
Zinssatz	3 %	4 %	3,5 %	7,4 %	2,9 %
Zinsfaktor	1,03	1,04	1,035	1,074	1,029
Nach … Jahren	4	5	6	10	12
Endkapital	4 502,04 €	304,16 €	12 292,55 €	40 838,78 €	1 409 238,49 €

4. Verdopplungszeit:
a) 8 Jahre b) 15 Jahre c) 18 Jahre d) 36 Jahre e) 70 Jahre

Flächeninhalt von Dreiecken und Vierecken

24 1. a) Formel: $A = a^2$; Rechnung: $A = 20{,}25\ cm^2$
b) Formel: $A = a \cdot b$; Rechnung: $A = 22{,}8\ cm^2$
c) Formel: $A = g \cdot h$; Rechnung: $A = 21\ cm^2$
d) Formel: $A = g \cdot \frac{h}{2}$; Rechnung: $A = 16{,}2\ cm^2$

2. a) graue Fläche: 7 cm^2; weiße Fläche: 9 cm^2
b) graue Fläche: 5 cm^2; weiße Fläche: 7,5 cm^2
c) graue Fläche: 9 cm^2; weiße Fläche: 6 cm^2

3. a) großes Quadrat: 16 cm^2 b) kleines Quadrat passt 4-mal in großes Quadrat.
c) Dreieck passt 2-mal in kleines Quadrat d) gesamte Figur: 24 cm^2

Umfang und Flächeninhalt des Kreises

25 1. d = 9,4 cm; u = 29,5 cm; A = 69,4 cm^2

2. a) kleiner Kreis: u = 31,4 cm; A = 78,5 cm^2
b) großer Kreis: u = 62,8 cm; A = 314,2 cm^2

3. Umfang kleiner Kreis: 9,4 cm; großer Kreis: 18,8 cm
Flächeninhalt kleiner Kreis: 7,1 cm^2; großer Kreis: 28,3 cm^2;
zwischen den Kreisen: 21,2 cm^2

4. a) A = 1 257 m^2 b) u = 126 m

25 5.

	Radius r	Durchmesser d	Umfang u	Flächeninhalt A
2-€-Münze	1,25 cm	2,5 cm	7,9 cm	4,91 cm^2
CD	6 cm	12 cm	37,7 cm	113 cm^2
Dart-Scheibe	17 cm	34 cm	107 cm	908 cm^2
Blumenbeet	12 m	24 m	75,4 m	452 m^2
Kreis auf Fußballfeld	9,15 m	18,30 m	57,5 m	263 m^2

Quader, Würfel, Prisma

26 1. a) gebaut aus 31 kleinen Würfeln
   b) Es fehlen noch 29 kleine Würfel (Quader: 4 x 5 x 3 Würfel, zus. 60 Würfel).

2. a) großer Würfel: Maße 3 x 3 x 3; 27 kleine Würfel werden benötigt; 4 kleine Würfel bleiben übrig.
   b) großer Würfel: Maße 10 x 10 x 10; 100 kleine Würfel in unterster Schicht.
   c) Ohne Rest kann aus 900 kleinen Würfeln kein großer Würfel gebaut werden. Für großen Würfel mit Maßen 9 x 9 x 9 benötigt man 729 kleine Würfel; es würden 171 kleine Würfel übrig bleiben.

3. 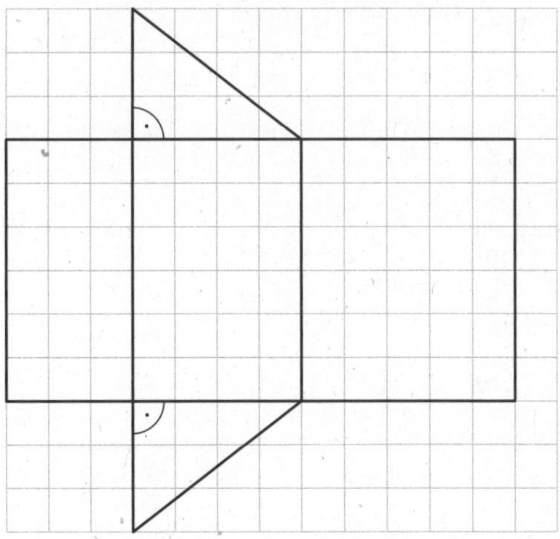

$O = 21\ cm^2$; $V = 4{,}5\ cm^3$

4. a) quaderförmiger Teil: Länge 12 cm; Grundfläche 16 cm^2; Volumen 192 cm^3
   b) Spitze: Volumen 64 cm^3
   c) gesamter Pfeil: Volumen 256 cm^3; Masse m = 307,2 g

Oberfläche und Volumen des Zylinders

27 1. a) u = 9,45 cm
   b) Rechteck mit den Seiten 9,45 cm und 4 cm.
   c) $M = 37{,}8\ cm^2$; $O = 51{,}8\ cm^2$

2. Der Zylinder mit Radius 10 cm und Höhe 10 cm ist ganz in einen Würfel mit Kantenlänge 10 cm einbeschrieben; die Oberfläche des Zylinders ist kleiner als die Oberfläche des Würfels.

27 3. a) $O = 1885\ cm^2$ b) $O = 3770\ cm^2$ c) $O = 7540\ cm^2$ d) $O = 15080\ cm^2$

4. a) $V = 141\ cm^3$ b) $V = 226\ cm^3$ c) $V = 141\ cm^3$ d) $V = 87\ cm^3$

5. a)

Radius	Oberfläche
5 cm	471 cm^2
10 cm	1257 cm^2
15 cm	2356 cm^2
20 cm	3770 cm^2

Nicht proportional

b)

Radius	Volumen
5 cm	785 cm^3
10 cm	3142 cm^3
15 cm	7069 cm^3
20 cm	12566 cm^3

Nicht proportional

c)

Höhe	Volumen
5 cm	1571 cm^3
10 cm	3142 cm^3
15 cm	4172 cm^3
20 cm	6283 cm^3

Zuordnung Höhe → Volumen ist proportional.

Daten auswerten

28 1. a)

	Spannweite	Modus	Median	Mittelwert
1. Jahr	8	6 und 7	6,5	5,167
2. Jahr	7	4	5	5,433

b) Das 2. Jahr war insgesamt erfolgreicher, der Gesamtumsatz war höher, die Werte der Filialen lagen „etwas dichter“ beieinander.

2. Median: 2; arithmetisches Mittel: 3,0
Pauline gehört zur „schlechteren“ Hälfte der Klasse, ihr Ergebnis entspricht aber genau dem Mittelwert.

3. a)

	Spannweite	Median	Mittelwert
Paul	0,64 m	3,64 m	3,688 m
Sarah	0,10 m	3,80 m	3,804 m
Leon	2,60 m	3,72 m	3,272 m

b) Sarah, sie hat eine sehr konstante Serie auf hohem Niveau.
c) den „Ausreißer“ 1,30 m weglassen; dann ist Leons Mittelwert 3,765 m.

Diagramme lesen und zeichnen (1)

29 1. a)

	Männlich	weiblich	Insgesamt
HS-Abschluss	120000	90000	210000
RS-Abschluss	190000	190000	380000
Abitur	120000	160000	280000
Gesamtzahl der Schulabschlüsse:			870000

b) Anteil an Gesamtzahl: HS-Abschluss: 24,1 %; RS-Abschluss: 43,7 %; Abitur: 32,2 %

c)

24,1 % HS	43,7 % RS	32,2 % Abitur

29 1. d) Gymnasium: 246 120 Personen;
Sekundarschule: 25 480 Personen;
Abendschule: 8 400 Personen (entspricht 3 %)

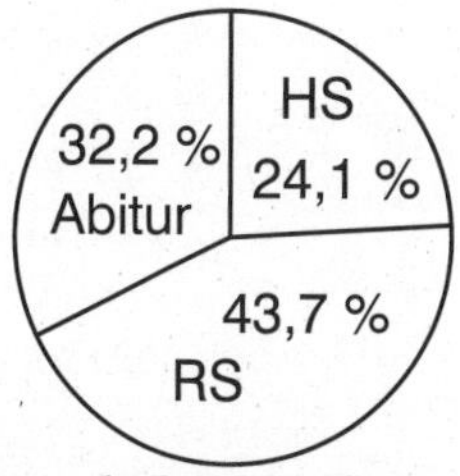

e) Die Gesamtzahl der Schulabschlüsse ist bei Mädchen höher (440 000) als bei Jungen (430 000). Die Anzahl der Realschulabschlüsse ist gleich, somit ist der Anteil der RS-Abschlüsse bei den Mädchen etwas geringer. Allerdings erreichen wesentlich mehr Mädchen als Jungen einen höheren Abschluss (Abitur): Absolut 40 000 mehr Mädchen; Anteile der Abiturienten: 36,4 % bei den Mädchen; 27,9 % bei den Jungen.

Diagramme lesen und zeichnen 2

30 1. a)

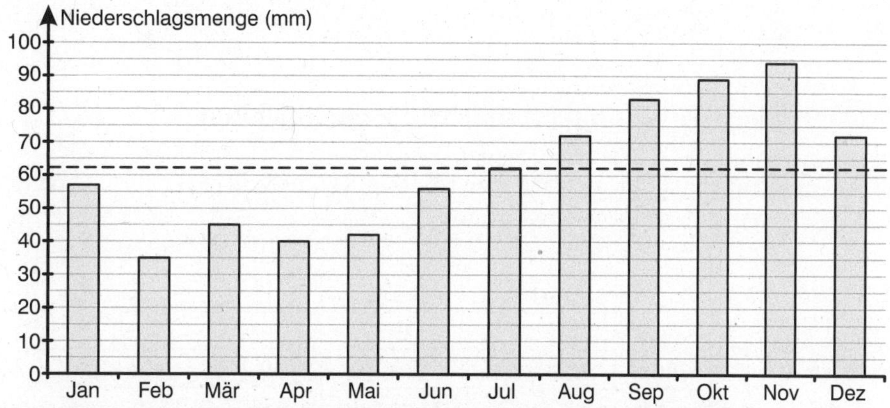

b)

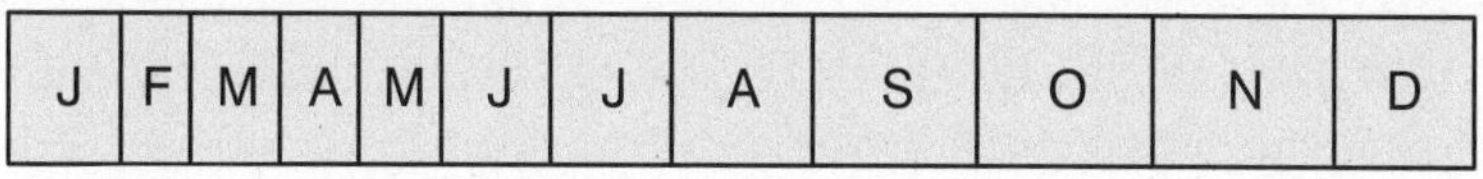

c) Im Säulendiagramm können die einzelnen Werte besser miteinander verglichen werden, im Streifendiagramm wird der Anteil an der Gesamtmenge besser verdeutlicht.

d) Mittelwert: 62,25 mm; weniger als Mittelwert: im Januar, Februar, März, April, Mai, Juni, Juli.

2. a) Die Säulenhöhe ist zwar etwa doppelt so groß, das Diagramm beginnt aber erst in Höhe y = 4 000. Die Ausgaben sind von 2000 bis 2005 von 4 300 auf 4 700 € gestiegen, das ist ein Anstieg um 9,3 %.

b) Die Jahreszahlen auf der waagrechten Achse sind nicht linear angeordnet. In den 5 Jahren von 2000 bis 2005 war die Steigerung insgesamt 400 €, also durchschnittlich 80 € pro Jahr. Von 2005 auf 2005 stiegen die Ausgaben je Schüler in einem Jahr um 200 €; die Ausgaben stiegen also auf das 2,5-Fache bzw. um 150 %.

Wahrscheinlichkeit

31 1. p(schwarz) = a) $\frac{6}{8} = \frac{3}{4}$ b) $\frac{5}{15} = \frac{1}{3}$ c) $\frac{6}{14} = \frac{3}{7}$ d) $\frac{7}{7} = 1$

2. a) $\frac{8}{32} = \frac{1}{4}$ b) $\frac{1}{2}$ c) $\frac{4}{32} = \frac{1}{8}$ d) $\frac{8}{32} = \frac{1}{4}$ e) $1 - \frac{4}{32} = \frac{7}{8}$

f) $\frac{1}{32}$ g) $\frac{16}{32} = \frac{1}{2}$ h) $\frac{4}{32} = \frac{1}{8}$ i) $\frac{20}{32} = \frac{5}{8}$

31 3. a) $\frac{250}{800} = 31{,}25\,\%$ b) $\frac{255}{800} = 31{,}875\,\%$ c) $\frac{545}{800} = 68{,}125\,\%$

4. a) p(schwarz) = $\frac{1}{2}$, p(weiß) = $\frac{1}{2}$; 4 von 8 Feldern schwarz gefärbt.
   b) p(schwarz) = 1, p(weiß) = 0; alle 8 Felder schwarz gefärbt.
   c) p(schwarz) = 75 %, p(weiß) = 25 %; 6 von 8 Feldern schwarz gefärbt.
   d) p(schwarz) = $\frac{7}{16}$, p(weiß) = $\frac{9}{16}$; ein Feld halbieren; 3 große und ein halbes Feld schwarz färben.

5. a) Es gibt 90 zweistellige Zahlen (10–99), davon sind 18 durch 5 teilbar (10, 15, 20, 25, … 90, 95). p(durch 5 teilbar) = $\frac{18}{90} = \frac{1}{5}$
   b) 365 Tage im Jahr, davon 31 Tag im Dezember; p(Dezember) = $\frac{31}{365}$ = 8,49 %.
   c) alle möglichen Tage: 365
   „günstige" Tage: gesamter Mai (5. Monat), 31 Tage; dazu in den übrigen 11 Monaten jeweils 3 Tage (der 5., 15. und 25.), zusammen also 64 Tage.
   p(Ziffer 5 in Geburtsdatum) = $\frac{64}{365}$ = 17,5 %

Relative Häufigkeit und Wahrscheinlichkeit

32 1. Bei einer „idealen" Münze ist p(Kopf) = p(Zahl) = $\frac{1}{2}$. Bei 100 Würfen ist etwa 50-mal „Kopf" zu erwarten.

2. a)

	Markus	Sonja	Paul	Kathrin
Kopf	42 %	37,9 %	50,8 %	38,7 %
Spitze	58 %	62,1 %	49,2 %	61,3 %

   b) Bei Markus, Sonja und Kathrin sind „Kopf" und „Spitze" etwa im Verhältnis 40 : 60 (= 2 : 3); bei Paul sind beide Ergebnisse fast gleich wahrscheinlich. Vermutlich hat sich Paul verzählt.
   c) p(Kopf) ≈ 40 %; p(Spitze) ≈ 60 %
   d) Gewinnschätzung für Markus: p(Spitze) · 6 € = 0,6 · 6 € = 3,60 €;
   Gewinnschätzung für Sonja: p(Kopf) · 4 € = 0,4 · 4 € = 1,60 €.
   Diese Wette ist nicht fair.
   Fair wäre die Wette, wenn Markus bei „Spitze" 4 € bekäme und Sonja bei „Kopf" 6 €.
   e) –

3. a) Beschriftung: 2-mal „1"; 1-mal „3"; 3-mal „6".
   „2", „4" und „5" kommen nicht vor.
   b) Beschriftung: 1-mal „1"; 1-mal „2"; 2-mal „3"; 2-mal „4".
   „5" und „6" kommen nicht vor.
   c) Über die Wahrscheinlichkeit kann nur die durchschnittliche Anzahl eines Ereignisses (bei vielen Wiederholungen) geschätzt werden, nicht aber ein einzelnes Ereignis. „Zufällig" werden die Anzahlen gleichwahrscheinlicher Ereignisse ähnlich, aber nicht unbedingt gleich sein.